먹을수록 더 건강해지는

내 아이를 위한 이탈리아 가정식

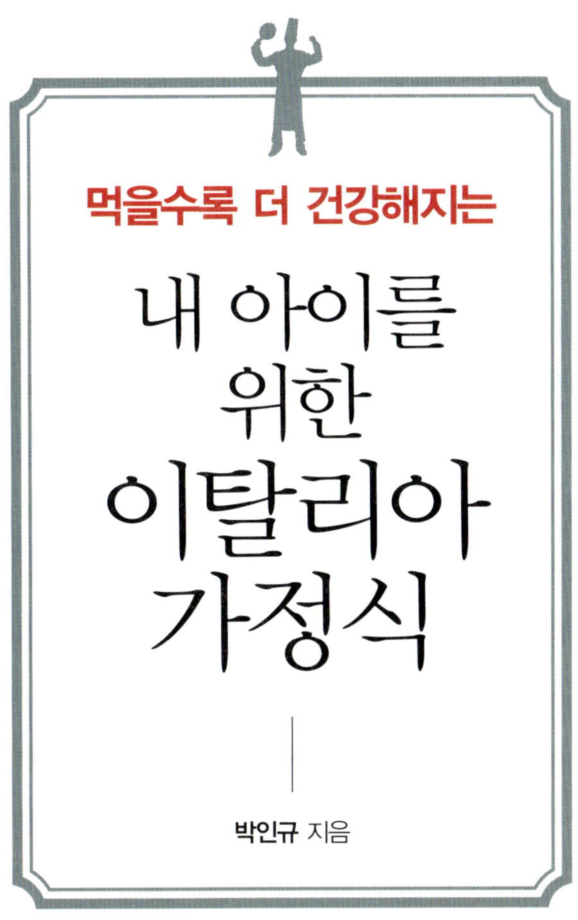

내 아이를 위한 위한 이탈리아 가정식

박인규 지음

내 아이를 위한
건강 레시피를 소개합니다

한 아이의 아빠가 되고 나니, 주방에 있는 시간이 남달라졌습니다. 저희 레스토랑에도 많은 꼬마 친구들이 방문합니다. 꼬마 손님들을 자주 만나게 되면서 알게 되었습니다. 대부분의 아이들은 편식을 합니다. 그리고 대부분의 아이들은 탄산 음료를 좋아합니다. 더 놀라운 것은 요리보다 탄산 음료에 함박 웃음을 짓는 아이들을 만나게 될 때가 더러 있습니다. 그런 순간마다 저는 저의 아이를 떠올리게 됩니다. 그리고 어느 순간 이탈리아 아이들이 궁금해졌습니다. '그 녀석들은 어땠지?' 지구 반대편의 아이들에 대한 물음이 이 책의 출발이 되었습니다.

물론 세상의 모든 아이들은 편식을 할 것이고 패스트 푸드와 탄산 음료에 매료되어 있을 겁니다. 그러나 분명한 것은 이탈리아가 '장수의 나라' 라는 점입니다. 그래서 저는 그들의 식단을 살펴보고 우리 아이들의 건강과 입맛을 고려한 레시피로 만들어 보기로 했습니다. 이렇게 만들어진 이 책 속 110가지 레시피는 제 아이를 위한 레시피이기도 합니다. 수많은 아빠와 엄마들이 아이들의 잘못된 식습관, 먹거리로 고민을 합니다. 저도 마찬가지입니다. 다행스럽게도 저는 이 책의 레시피를 구성하면서 답을 찾았습니다. 또한 저와 같은 고민을 안고 사는 이 시대의 부모들이 이 책을 통해 답을 찾길 바랍니다.

주방과 친해져야 아이들이 건강해 집니다

아이들이 편식을 하고, 패스트 푸드를 찾는 것은 어찌 보면 부모의 책임이 큽니다. 아이는 어른들의 입맛을 닮아갑니다. 어른들이 쉽게 찾게 되는 한 번의 패스트 푸드가 아이의 식습관을 결정한다는 사실을 명심해야 합니다.

어른들이 주방과 친해져야 아이들의 식생활이 윤택해지고 올바른 식습관을 갖게 됩니다. 아이들을 위한 음식은 유별나고, 깐깐하게 만들어야 합니다. 지금 당장 주방과 친해지십시오. 그리고 아이 식탁을 건강하게 차려 주십시오. 단순한 이 한 가지의 방법이 아이를 위한 최고의 방법입니다. 열심히 고민하고 공부해 구성한 110가지의 레시피가 이 세상의 모든 아빠와 엄마들에게 큰 도움이 되기를 간절히 바래 봅니다.

고맙습니다

남편으로, 한 아이의 아빠로 살게 해 준 아내와 아들 서준이에게 사랑과 감사를 전합니다. 그리고 저를 건강하게 키워 주신 부모님과 항상 응원을 보내 주시는 장인, 장모님! 감사합니다. '가로수길 레시피'에 이어 책 작업을 자신의 일처럼 도와준 주방 선후배들과 사진 작업에 끝까지 힘을 써 준 윤세한 실장님께도 감사함을 더합니다.

CONTENTS

내 아이를 위한 이탈리아 가정식

• Prologue __ 004
• Chef's Note __ 012

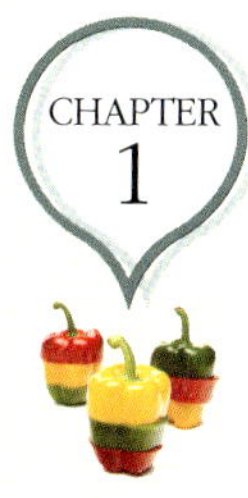

CHAPTER 1

Vegetable of Change

아이들이 싫어하는 **채소의 변신**

1 양파 잼 피자 Onion Jam Pizza • 018
2 양파 링 & 아보카도 드레싱 Onion Ring & Avocado Dressing • 020
3 볼로네제 소스 가지 오븐 구이 Bolognese sauce Eggplant Oven Roast • 022
4 가지 새우 샐러드 Eggplant Shrimp Salad • 024
5 가지 베이컨 말이 꼬치 Eggplant Bacon Roll Brochette • 025
6 가지 고구마 스파게티 Eggplant Sweet Potato Spaghetti • 026
7 연근 치킨 수프 Lotus Root Chicken Soup • 028
8 연근 크림 치즈 타르트 Lotus Root Cream Cheese Tarte • 030
9 우엉 숏 파스타 Burdock Short Pasta • 032
10 부추 페스토 스파게티 Chives Pesto Spaghetti • 034
11 콩나물 치즈 마카로니 Bean Sprouts Cheese Macaroni • 036
12 숙주 컵 파스타 Mung-Bean Sprouts Cup Pasta • 038
13 시금치 파니니 Spinach Panini • 039
14 시금치 소고기 머핀 Spinach Beef Muffin • 040
15 시금치 닭 가슴살 브리또 Spinach Chicken Breast Burrito • 041
16 양배추 쿠스쿠스 Cabbage Cous-cous • 042
17 양배추 샌드위치 말이 Cabbage Sandwich Roll • 044
18 닭 가슴살 양배추 말이 Chicken Breast Cabbage Roll • 045
19 참나물 에그 스터프 Pimpinella brachycarpa Egg Stuff • 046
20 참나물 로제 숏 파스타 Pimpinella brachycarpa Rose Short Pasta • 048
21 도라지 해물 크림 스파게티 Balloon flower Seafood Cream Spaghetti • 050
22 파프리카 펜네 파스타 Paprika Penne Pasta • 051
23 파프리카 스트루들 Paprika Strudel • 052
24 파프리카 크림 Paprika Cream • 054

25 오징어 파프리카 튀김Squid Paprika Fried • 055
26 콜리플라워 스팀 소고기Cauliflower Steam Beef • 056
27 미네스트로네Minestrone • 058
28 브로콜리 채소 크림 수프Broccoli Vegetable Cream Soup • 059
29 브로콜리 누룽지 수프Broccoli Parched Rice Soup • 060
30 피클Pickle • 061

CHAPTER 2

Season Vegetable

365일이 즐겁다! 계절 채소

1 쑥 카나페Mugwort Canape • 064
2 쑥 라자냐Mugwort Lasagne • 066
3 쑥 고구마 오븐 구이Mugwort Sweet Potato Oven Roast • 068
4 달래 까르보나라 숏 파스타Wild Chive Carbonara Short Pasta • 069
5 달래 고르곤졸라 소고기 바Wild Chive Gorgonzola Beef Stick • 070
6 두릅 소고기 꼬치Dureub Beef Brochette • 072
7 두릅 오믈렛 & 토마토 브루스케타Dureub Omelet & Tomato Bruschetta • 074
8 두릅 무스 & 단호박 크림 수프Dureub Mousse & Sweet Pumpkin Cream Soup • 075
9 호두 볼 옥수수 수프Walnut-Balls Corn Soup • 076
10 옥수수 크림 크레페Corn Cream Crepe • 078
11 옥수수 키쉬 파이Corn Quiche Pie • 079
12 옥수수 스파게티Corn Spaghetti • 080
13 감자 & 피쉬 칩Potato & Fish Chips • 081
14 모차렐라 감자 케이크Mozzarella Potato Cake • 082
15 감자 피망 달걀 파이Potato Green Egg Pie • 084
16 감자 치즈 오븐 구이Potato Cheese Oven Roast • 085
17 소고기 라구 감자 구이Beef Ragu Potato Roast • 086
18 감자 생선 벨루타타Potato Fish Vellutata • 087
19 닭 안심 매시드 포테이토Chicken Mashed Potato • 088
20 치즈 크림 감자 볼Cheese Cream Potato-Balls • 089

21 매실 불고기 파스타 Maesil Bulgogi Pasta • 090
22 매실 클럽 샌드위치 Maesil Club Sandwich • 091
23 배추 밀푀유 Korea Cabbage Mille-Feuille • 092
24 더덕 고구마 퓌레 Deodeok Sweet Potato Puree • 094
25 더덕 크림 마카로니 Deodeok Cream Macaroni • 095
26 더덕 꼬르동 블루 Deodeok Cordon Bleu • 096
27 고구마 포카치아 Sweet Potato Focaccia • 098
28 고구마 소고기 스튜 Sweet Potato Beef Stew • 099
29 밤 파스타 파이 Chestnut Pasta Pie • 100
30 군밤 수프 Roast Chestnut Soup • 102

CHAPTER 3

Mixed Grains

한 그릇 뚝딱! **건강한 밥상, 잡곡**

1 흑미 크림 치즈 토마토 스터프 Black Rice Cream Cheese Tomato Stuff • 106
2 흑미 팬케이크 Black Rice Fan-Cake • 108
3 흑미 샐러드 Black Rice Salad • 110
4 흑미 에그 스크램블 Black Rice Egg Scramble • 112
5 현미 브루스케타 Brown Rice Bruschetta • 113
6 검은콩 수프 Black Bean Soup • 114

CHAPTER 4

Sea Fodd

아이들에게 꼭 필요한 **씨푸드**

1 전복 패스트리 파이 Abalone Pastry Pie • 118
2 전복 크림 숏 파스타 Abalone Cream Short Pasta • 120
3 흰 살 생선 미니 커틀렛 White Fish Mini Cutlet • 121
4 흰 살 생선 파인애플 스팀 White Fish Pineapple Steam • 122

5 생선 스틱Fish Stick • 124

6 현미 새우 도리아Brown Rice Shrimp Doria • 125

7 새우 채소 오븐 구이 Shrimp Vegetable Oven Roast • 126

8 클램 차우더Clam Chowder • 127

9 게 맛살 스터프 파스타Crab Stick Stuff Pasta • 128

10 크림 소스 오징어 볼Cream Sauce Squid Balls • 130

11 참치 스파게티Tuna Spaghetti • 132

12 삼치 펜네 숏 파스타Sausel Penne Short Pasta • 134

13 아보카도 연어 그라탱Avocado Salmon Gratin • 136

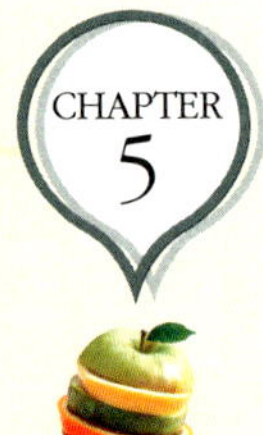

CHAPTER
5

Smart Food

아이들이 꼭 먹어야 하는 **스마트 푸드**

1 바나나 스프링롤Banana Spring-Roll • 140

2 군밤 바나나 수프Roast Chestnut Banana Soup • 142

3 김치 리가토니 숏 파스타Kimchi Rigatoni Short Pasta • 144

4 김치 미니 파니니Kimchi Mini Panini • 146

5 토마토 잼 토스트Tomato Jam Toast • 148

6 토마토 오븐 구이Tomato Oven Roast • 150

7 허브 닭 안심 크루아상Herb Chicken Croissant • 152

8 버섯 발사믹 소스 안심 스테이크Mushroom Balsamic Sauce Filet Mignon • 154

9 버섯 고구마 피자Mushroom Sweet Potato Pizza • 156

10 버섯 돼지갈비 크림 스파게티Mushroom Pig-Rib Spaghetti • 158

11 단호박 프리토Sweet Pumpkin Fritto • 159

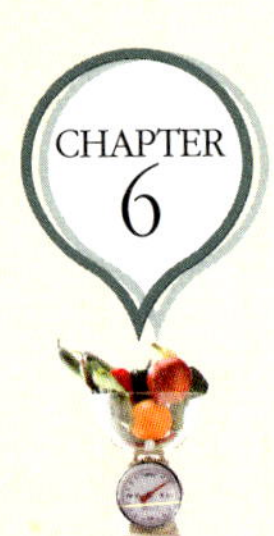

CHAPTER
6

Puree

채소와 과일의 영양을 그대로 품은 **퓌레**

1 토마토Tomato • 162

2   사과 Apple • 164
3   배 Pear • 165
4   바나나 & 망고 Banana & Mango • 166
5   파인애플 & 리치 Pineapple & Litchi • 167

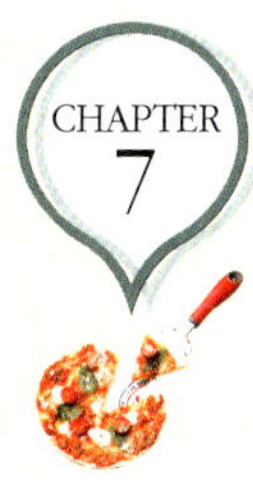

Pizza

CHAPTER 7 건강한 이탈리아의 맛 **피자**

1   피자 반죽 Pizza Dough • 170
2   마르게리타 Margherita • 172
3   미니 피자 Mini Pizza • 174
4   판체로티 Panzerotti • 176
5   4가지 맛 피자 Four Taste Pizza • 178

Dessert

CHAPTER 8 먹을수록 탐나는 **건강 디저트**

1   레몬 에이드 Lemonade • 182
2   요거트 과일 주스 Yogurt Fruit Juice • 184
3   사과 오븐 구이 Apple Oven Roast • 186
4   과일 프라페 아이스 바 Fruit Frappe Ice Stick • 188
5   케이크 팝스 Cake Pops • 190
6   바나나 스프리트 Banana Sprit • 192
7   블루베리 젤리 Blueberry Jelly • 194
8   끼아끼에레 Chiacchiere • 196
9   초콜릿 살라미 Chocolate Salami • 198
10 롤 케이크 Roll cake • 200

기본 가이드

이 책의 110가지 레시피는 한 아이의 식사량을 기준으로 합니다. 계량은 'Ts', 'g', 컵, 적당량으로 표기했습니다. 'Ts'로 표기한 계량은 밥 숟가락으로 요리하세요. 컵으로 표시되어 있는 계량은 종이컵(200ml)으로 하면 편리합니다. 이 밖의 'g' 계량은 계량 스푼이나, 계량 저울을 사용해야 하니 참고하세요. 특히 베이킹의 경우는 계량에 신경을 써야 합니다. 각 레시피의 재료에 따라 간은 가감해 주세요. 기본 간은 소금으로 합니다. 적당량으로 표기된 부분은 가족의 기호에 맞게 사용하면 됩니다. 오븐을 사용할 때는 꼭 예열을 한 다음 사용해 주세요.

파스타 면 삶는 기본 가이드

파스타 면을 맛있게 삶기 위해서는 소금, 물의 양, 물의 온도 이렇게 3가지가 아주 중요합니다.

❶ 소금은 결이 굵은 소금, 천일염을 사용합니다.
   천일염은 가공 과정을 거치지 않아 풍부한 미네랄을 함유하고 있습니다.
❷ 소금의 양은 물 1ℓ당 10g(약 1Ts)으로 합니다.
❸ 파스타를 삶는 물의 양은 파스타 100g당 최소 1ℓ로 합니다.
   파스타 양이 200g으로 늘면 물의 양도 2ℓ로 늘어납니다.
❹ 파스타를 삶는 물의 온도는 100도를 유지하도록 하고, 물이 끓는 시점에서 1분 후에 파스타를 넣어주면 온도를 맞추기가 편합니다. 삶는 물의 온도가 떨어지게 되면 탄력 있는 파스타를 기대할 수 없습니다.
❺ 냄비는 파스타가 한 번에 모두 잠길 수 있는 넓고 납작한 것으로 준비합니다.

육수 만들기 가이드

이 책에 필요한 기본 육수입니다. 육수를 기본 레시피 양보다 조금 더 만들어 냉장 보관 해 두면 편리하게 요리할 수 있습니다. 요리에 어울리는 육수를 사용하면 음식의 맛을 더욱 깊게 만들어 줍니다.

채소 육수 (5인분)

| **재료** | 양파 1개, 당근 1/2개, 샐러리 1/2개, 월계수 잎 1장, 물 6컵

How-To

1. 모든 재료들을 깨끗이 손질한다.
2. 냄비에 재료와 물을 붓고 끓인다.
3. ②가 한 번 끓어오르면 약불로 줄이고 25분 정도 더 끓인다.
4. ③의 채소들을 체에 밭쳐 육수를 얻는다.

조개 육수 (5인분)

| **재료** | 바지락(혹은 중합) 1kg, 통마늘 5쪽, 물 4컵

How-To

1. 조개는 소금물에서 해감시킨다.
2. 조개와 마늘을 냄비에 넣고 물을 붓는다.
3. 냄비 뚜껑을 닫고 조개 입이 벌어질 때까지 끓인다.
4. ③의 재료를 체에 밭쳐 육수를 얻는다.

이탈리아 요리 가이드

우리나라와 비슷한 지형을 가진 이탈리아의 요리는 밀라노를 중심으로 하는 북부 요리와 해산물이 풍부한 남부 요리로 크게 나뉩니다. 피자, 파스타, 에스프레소, 와인, 올리브 오일 등 이탈리아를 대표하는 다양한 식품들은 전 세계인들에게 사랑 받고 있습니다. 이탈리아 요리를 제대로 즐기기 위해서는 파스타, 올리브 오일, 치즈, 와인 등에 대해 알아야 도움이 됩니다.

파스타 *Pasta*

이탈리아어로 '물과 섞인 밀가루' 라는 뜻을 가진 파스타는 건조 파스타와 생면 파스타, 긴 모양의 롱 파스타와 짧은 모양의 숏 파스타로 나뉩니다. 건조 파스타는 우리가 시중에서 쉽게 구할 수 있는 건조형 파스타로 보관 기간이 길고 가격이 저렴한 것이 특징입니다. 생면 파스타는 직접 밀가루로 반죽을 해서 원하는 모양으로 뽑아내는 면을 말하는 것으로 보관 기간이 짧습니다.

- **롱 파스타** : 스파게티, 카펠리니, 비골리, 탈리아텔레, 부카티니, 페투치네, 링귀니 등
- **숏 파스타** : 펜네, 푸실리, 로텔레, 캄파넬레, 꼰낄리에, 리가토니, 마카로니 등

치즈 *Cheese*

'포르마지오' 라 불리는 이탈리아 치즈는 약 500여 종이 될 정도로 다양합니다. 특히 이탈리아 치즈는 염소와 암양의 젖으로 치즈를 만들어 유지방 성분이 많고, 부드러운 맛이 특징입니다.

- **고르곤졸라 치즈** : 이탈리아를 대표하는 치즈로, 세계 3대 치즈입니다. 북부 지방의 작은 마을인 고르곤졸라에서 유래했습니다. 고약할 정도로 독특한 향에 비해 감칠맛이 뛰어나 각종 샐러드, 파스타, 리조토 등의 요리에 사용됩니다.

- **마스카르포네** : 이탈리아 북부 롬바르디아 지역에서 만들어 지는 크림 형태의 치즈. 부드러운 식감이 특징인 마스카르포네는 이탈리아를 대표하는 디저트, 티라미수를 만드는 주재료입니다. 맛이 달아 짠 맛이 덜한 것이 특징으로 과일 요리에 주로 사용됩니다.

- **모차렐라 치즈** : 우리에게 친근한 모차렐라 치즈는 나폴리 지방에서 피자에 얹어 사용해 유명해진 치즈입니다. 물소 젖으로 만드는 것이 전통 방식이나, 요즘은 젖소의 젖으로도 모차렐라를 치즈를 만듭니다. 물기가 많고 진득한 흰 덩어리 형태의 생 모차렐라와 건조 형태의 모차렐라 치즈로 피자, 파스타, 샐러드 등 다양한 이탈리아 요리에 사용됩니다.

올리브 오일 선택 가이드

질 좋은 올리브 오일은 음식의 맛과 질을 향상시켜 줍니다. 올리브 오일에 대해 정확히 알아 보고, 요리에 맞는 올리브 오일을 선택해 사용해 주세요.

엑스트라 버진 올리브 오일 DOP Extra virgin olive oil DOP

버진 올리브 중에서도 고급 오일에 속합니다. 이탈리아 정부가 발행한 검사필 제품이죠. 보통 가격이 비싸기 때문에 샐러드나 차가운 요리에만 올려 먹는 경우가 많은데 약간의 열이라도 가해지면 향을 잃을 수 있기 때문입니다.

엑스트라 버진 올리브 오일 Extra virgin olive oil

DOP 올리브 오일보다 저렴한 올리브 오일입니다. 초록 빛깔을 띠며 다른 오일보다 조금 걸쭉한 것이 특징입니다. 일반적으로 조리를 마친 후 파스타, 생선, 육류에 빛깔과 향을 내기 위해 사용합니다. 샐러드 드레싱으로도 사용할 수 있는 오일입니다.

포마스 올리브 오일 Pomace olive oil

버진 오일을 짜고 남은 올리브 찌꺼기를 다시 한 번 짜서 만든 오일입니다. 때문에 버진 오일보다 향이 약해 재료를 볶을 때나 육류를 부드럽게 하기 위한 마리네이드(Marinade) 단계에서 사용합니다.

콩기름 Soybean oil

올리브 오일이 아닌 콩으로 만든 오일입니다. 주로 한식에서 사용되지만 서양 요리에서는 튀김 요리를 할 때 많이 사용합니다. 올리브 오일보다는 농도도 가볍고 향도 약한 것이 특징입니다.

셰프 추천 올리브 오일_DE PADOVA

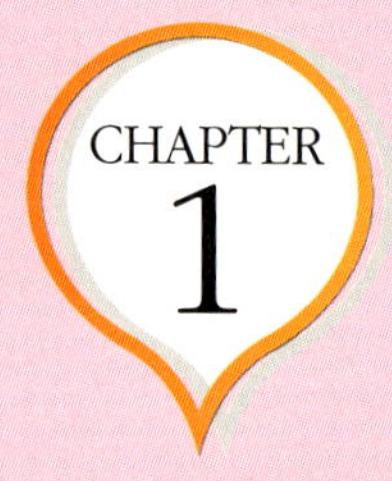

아이들이 싫어하는
채소의 변신

먹이고자 하는 부모와 먹지 않으려 하는 아이들의 식탁 전쟁!
가족이 모두 행복하기 위해 싸워야 하는 식탁 전쟁에서 가족 모두 행복해지는
건강 메뉴 30가지를 소개합니다.

Vegetable of Change

양파 잼 피자

식빵 한 장만 있으면, 피자 도우 없이 멋스런 피자를 만들 수 있습니다.
보랏빛을 띠는 적양파는 일반 양파에 비해 매운 맛이 덜하고,
비타민, 칼슘 함량이 많아 아이들 요리 재료로 제격입니다.

How-To

1 양파는 껍질을 벗기고 반으로 자른 다음 길게 자른다.

2 팬에 버터를 두르고 ①의 양파를 약불에서 천천히 볶는다.

3 오렌지 껍질은 벗겨 보관하고 과육으로 즙을 만든다.

4 ②의 팬에 오렌지 껍질과 오렌지 즙(주스), 아가베 시럽, 물을 넣고 양파가 익을 때까지 약불에서 끓인다.

5 ④의 재료는 믹서를 이용해 곱게 간 다음 차갑게 보관해 양파 잼을 완성한다.

6 식빵에 ⑤의 양파 잼을 바르고 그 위에 반으로 자른 방울토마토, 모차렐라 치즈, 바질을 올린다.

7 ⑥의 식빵 피자를 180도로 예열한 오븐에서 5분간 굽는다.

재료

- 적양파 1개
- 버터 1Ts
- 오렌지 1개
- 아가베 시럽 2Ts
- 물 1/2컵
- 식빵 3장
- 방울토마토 10개
- 모차렐라 치즈 4Ts
- 바질 잎 6장

CHEF'S TIP

오렌지 껍질을 사용할 때는 오렌지를 깨끗하게 씻어 줘야 합니다. 우선 오렌지를 통째로 뜨거운 물에 10초 정도 담갔다가 뺀 다음 굵은 소금으로 표면을 닦아 주세요. 껍질로 요리할 때는 과육에 붙은 흰 부분을 잘 제거하고 오렌지 빛깔 껍질만 사용해야 요리의 맛이 살아난답니다.

양파 링 & 아보카도 드레싱

바삭한 양파 링에 고소한 아보카도 드레싱을 곁들여
더욱 특별한 맛을 담았습니다.
비타민 A, C, E와 미네랄이 풍부한 열대 건강 과일,
아보카도로 만든 드레싱은 아이에게
한 번은 꼭 만들어 줘야 할 영양 메뉴입니다.

How-To

1 양파는 1cm 두께의 링 모양으로 자른다.

2 자른 양파는 밀가루, 달걀물, 빵 가루 순서로 튀김 옷을 입힌다.

3 적당한 온도로 예열된 튀김 오일에 ②의 재료를 노릇하게 튀긴 다음 키친타올을 이용해 기름은 제거한다.

4 아보카도, 피클은 잘게 다진 다음 마요네즈를 넣고 섞어 아보카도 드 레싱을 만든다.

재료

□ 양파 1개
□ 밀가루 적당량
□ 달걀(달걀물) 1개
□ 빵 가루 적당량
□ 튀김 오일 적당량

아보카도 드레싱
□ 아보카도 1/4개
□ 피클 1개
□ 마요네즈 2Ts

CHEF'S TIP

멕시코가 원산지인 아보카도는 '숲 속의 버터'라 불릴 만큼 영양가가 풍부한 과일입니다. 아 보카도를 손질할 때는 복숭아 씨앗 만한 씨가 있다는 것을 유의해야 합니다. 우선 꼭지에서 길게 반으로 가른 다음, 가운데 자리한 씨를 따라 칼을 넣어 씨를 도려낸 후 껍질을 벗겨 요 리를 하면 됩니다.

볼로네제 소스 가지 오븐 구이

보랏빛 가지만큼 아이들에게 꼭 먹여야 할 채소도 없을 겁니다.
폭신하고 부드러운 식감의 가지는 특유의 향 때문인지 아이들이 좋아하지 않는 채소입니다.
아이들이 가장 좋아하는 토마토 소스에 소고기, 베이컨, 호두, 양파, 마늘을 볶아
만든 볼로네제 소스를 가지와 곁들여 보세요. 아이들이 금방 가지와 친해질 겁니다.

How-To

1 가지는 3cm 높이로 자른 다음 숟가락을 이용해 속을 2/3 정도 파낸다. 쉽게 말해 가지 컵을 만들어 주는 것이다. 소고기는 안심 혹은 등심 부위로 갈은 것을 준비한다. 베이컨, 호두, 양파, 마늘은 다진다. 고구마는 익혀 준비한다.

2 팬에 오일과 버터를 두르고 ①의 소고기와 다진 양파, 마늘, 베이컨을 볶다가 토마토 소스를 넣는다.

3 약불에서 ②의 토마토 소스를 5분간 끓인 다음 실온에서 식혀두면 볼로네제 소스 완성.

4 ①의 익힌 고구마는 포크를 이용해 으깬 다음 다진 호두와 잘 섞는다.

5 ①의 가지 컵에 ④의 으깬 고구마를 1/2 정도 채우고 ③의 볼로네제 소스로 덮어준다.

6 오븐을 180도로 예열한 다음 ⑤의 재료를 15분간 굽는다.

 **재료**

- 가지 2개
- 소고기 100g
  (안심 혹은 등심)
- 다진 베이컨 1Ts
- 다진 호두 2Ts
- 다진 양파 1/4개
- 다진 마늘 1개
- 익힌 고구마 1개
- 올리브 오일 적당량
- 버터 1Ts
- 토마토 소스 1/2컵

2

3

CHEF'S TIP

볼로네제 소스는 우리가 일반적으로 알고 있는 토마토 미트 소스입니다. 넉넉하게 만들어 냉장 보관을 해 두었다가 다양한 채소나 식빵과 곁들이면 훌륭한 메뉴가 됩니다.

Eggplant Shrimp Salad

가지 새우 샐러드

재료

- 가지 1개
- 다진 건포도 1Ts
- 다진 잣 1Ts
- 깐 새우 5마리
- 밀가루 적당량
- 튀김 오일(콩류) 적당량
- 레드 와인 식초 2Ts
- 아가베 시럽 1Ts
- 토마토 소스 3Ts
- 바질 잎 2장

How-To

1 깨끗하게 손질한 가지를 큰 주사위 모양으로 자른다. 불려 둔 건포도는 다지고, 잣도 먹기 좋게 다진다. 깐 새우는 반으로 자른다.

2 ①의 가지에 밀가루를 묻히고 튀긴 다음 키친타올을 이용해 기름을 제거한다.

3 믹싱 볼에 다진 건포도, 잣, 레드 와인 식초, 아가베 시럽, 토마토 소스, 바질, ②를 넣고 섞는다.

4 반으로 자른 새우는 소금물에 살짝 데친 다음 식혀 보관한다.

5 그라탱 접시에 ③의 재료를 듬뿍 담고 ④의 새우를 올린다.

Eggplant Bacon Roll Brochette

가지 베이컨 말이 꼬치

재료

- ☐ 가지 1개
- ☐ 밀가루 적당량
- ☐ 올리브 오일 적당량
- ☐ 토마토 소스 5Ts
- ☐ 모차렐라 치즈 1개
- ☐ 바질 잎 5장
- ☐ 베이컨 6장

How-To

1 가지는 채칼을 이용해 5mm 정도의 두께로 길게 잘라 밀가루를 입힌다.

2 팬에 오일을 두르고 ①의 가지를 앞뒤로 노릇하게 구운 다음 키친타올을 이용해 기름기를 제거한다.

3 구운 가지 한쪽 면에 토마토 소스를 바르고 모차렐라 치즈, 바질 잎을 올린 다음 돌돌 만다.

4 ③의 가지를 베이컨 위에 올려 놓고 다시 한번 돌돌 만 다음 준비한 꼬치에 꽂는다.

5 오븐 접시에 가지 꼬치를 담고 180도로 예열한 오븐에서 8분간 굽는다.

가지 고구마 스파게티

바삭하게 튀긴 가지와 달콤한 고구마가 만나면
아이들 입맛에 딱맞는 스파게티가 탄생합니다.
다진 마늘과 양파로 향을 내고, 아이들이 좋아하는 베이컨과
방울토마토로 식감을 돋운 요리입니다.

How-To

1 가지는 주사위 모양으로 자른 다음 밀가루를 묻힌다.

2 ①의 가지는 튀김 오일에 바삭하게 튀긴 다음 키친타올을 이용해 기름을 제거한다.

3 고구마는 삶아 껍질을 벗겨 주사위 모양으로 자르고 방울토마토는 반으로 잘라 준비한다. 양파, 마늘, 베이컨은 잘게 다진다.

4 팬에 오일을 두르고 다진 양파, 마늘, 베이컨을 볶은 다음 ②의 가지와 ③의 고구마, 방울토마토를 넣고 약불에서 5분간 끓인다.

5 소금물에 스파게티를 삶아 건져내 ④의 소스와 섞는다. 파마산 치즈 가루와 파슬리 가루를 뿌려 마무리한다.

재료

- □ 가지 1/2개
- □ 밀가루 적당량
- □ 튀김 오일 적당량
- □ 삶은 고구마 1/4개
- □ 방울토마토 5개
- □ 다진 양파 1/4개
- □ 다진 마늘 1개
- □ 다진 베이컨 2장
- □ 스파게티 80g
- □ 파마산 치즈 가루 1Ts
- □ 파슬리 가루 약간

CHEF'S TIP

튀김 요리는 피하고 싶은데, 왜 가지를 튀기는지 궁금하시죠? 가지는 기름과 같이 조리를 하면 비타민 A의 흡수율을 높일 수 있어 기름과 함께 요리하는 것이 좋습니다. 특히 가지는 시력 보호에 좋은 채소로 알려져 있으니 아이들에게 다양한 요리로 자주 만들어 주세요.

연근 치킨 수프

아삭한 식감의 연근은 연의 뿌리 줄기입니다.
탄수화물이 주성분인 연근은 비타민 C가 풍부한
대표적인 뿌리 채소입니다. 연근을 100g만 섭취해도
하루에 필요한 권장 비타민 C를 2/3 정도 섭취할 수 있다고 합니다.
연근 치킨 수프로 아이들의 건강은 물론 입맛까지 잡아 보세요.

How-To

1 닭 가슴살은 주사위 모양으로 자른다.

2 연근, 당근, 양파, 샐러리를 주사위 모양으로 자른다.

3 냄비에 버터를 녹인 다음 ①과 ②의 모든 재료를 넣고 약불에서 천천
히 볶는다.

4 ③의 냄비에 채소 육수를 붓고 약불에서 30분간 끓인 다음 재료들을
믹서를 이용해 곱게 간다.

5 간은 소금으로 한다.

재료

- ☐ 닭 가슴살 1장
- ☐ 연근 30g
- ☐ 당근 1/8개
- ☐ 양파 1/4개
- ☐ 샐러리 1줄기
- ☐ 버터 1Ts
- ☐ 채소 육수 2컵
  (13페이지 참고)
- ☐ 소금 약간

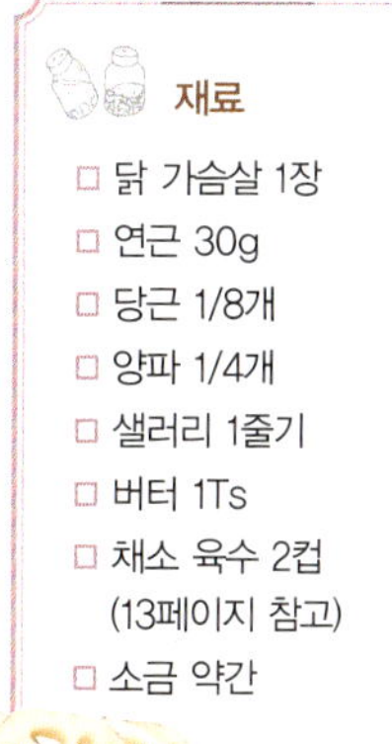

CHEF'S TIP

아이들이 잘 먹지 않는 채소 재료들은 아이들이 잘 알아보지 못할 정도로 잘게 잘라 요리하
는 것이 노하우입니다. 이번 레시피 역시 그렇습니다. 그러나 채소를 으깨거나 너무 많이 갈
게 되면 영양소 파괴가 될 수 있으니 주의해야 합니다.

연근 크림 치즈 타르트

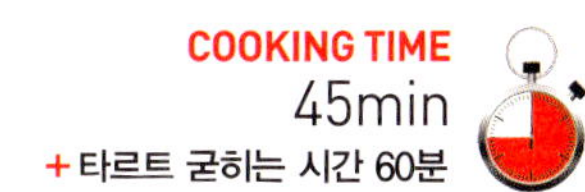

아이들이 좋아하지 않는 연근의 색다른 변신을
기대할 수 있는 메뉴입니다. 연근을 우유와 함께 끓여
잘게 다지고, 크래커와 섞어 타르트를 만듭니다.
크림 치즈와 꿀로 맛을 낸 휘핑 크림를 올려 차게 만들어 먹는 간식 아이템입니다.

How-To

1 연근은 껍질을 벗기고 링 모양으로 자른다. 냄비에 링 모양으로 자른 연근, 우유를 넣고 약불에서 10분간 끓인다.

2 ①의 연근은 건져 물기를 없애고 잘게 다져 준비한다.

3 크래커를 봉지에 넣고 잘게 부순 다음 실온 버터, ②의 연근을 넣고 잘 섞는다.

4 ③의 재료를 머핀 틀 바닥 면에 1/3 정도 채운 다음 냉장 보관한다.

5 믹싱 볼에 크림 치즈, 꿀을 넣고 거품기로 잘 섞은 다음 다진 호두, 블루베리, 라즈베리를 넣고 다시 섞는다.

6 ④의 나머지 부분을 ⑤의 재료로 가득 채운 다음 냉장고에서 1시간 정도 보관한다.

7 ⑥을 블루베리, 라즈베리로 장식한다.

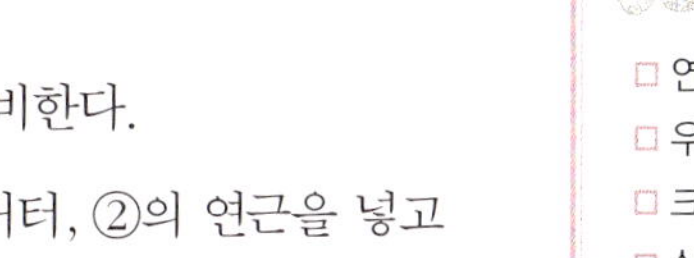

재료

- 연근 30g
- 우유 1/4컵
- 크래커(제크) 100g
- 실온 버터 2Ts
- 크림 치즈 200g
- 꿀 5Ts
- 다진 호두 3Ts
- 블루베리 3Ts
- 라즈베리 3Ts

1   3

CHEF'S TIP   블루베리나 라즈베리 대신 아이들이 좋아하는 과일을 토핑 재료로 사용해도 좋습니다.

우엉 숏 파스타

약으로도 쓰이는 우엉은 대표적인 알칼리성 식품입니다.
식이섬유와 칼륨, 마그네슘이 풍부하며 몸에 쌓여 있는 안 좋은
독소들을 배출하는데 도움이 되는 채소입니다.
향긋한 토마토 소스와 동글동글 귀여운 숏 파스타 푸실리로
맛과 멋을 한 그릇에 제대로 담았습니다.

How-To

1 우엉은 채를 쳐서 간장에 졸인 것으로 준비한다. 방울토마토는 반으로 자르고 햄은 길게 자른다. 양파와 마늘은 다진다.

2 팬에 오일을 두르고 다진 양파, 마늘을 볶은 다음 ①의 우엉채와 방울토마토, 햄을 넣고 다시 볶는다.

3 ②의 팬에 토마토 소스를 넣은 다음 약불에서 5분간 더 끓인다.

4 푸실리 면을 소금물에 삶는다.

5 ③의 소스와 ④의 파스타를 약불에서 섞어준 다음 불을 끄고 파마산 치즈, 바질 잎을 넣고 섞는다.

재료

- 우엉채 1Ts (간장에 졸인 것)
- 방울토마토 5개
- 슬라이스 햄 3장
- 다진 양파 1/4개
- 다진 마늘 1개
- 올리브 오일 적당량
- 토마토 소스 1컵
- 숏 파스타 50g (푸실리)
- 파마산 치즈 적당량
- 바질 잎 적당량

CHEF'S TIP

간장에 졸인 우엉을 사용하기 때문에 특별히 간을 하지 않아도 됩니다.
파스타 면은 집에 있는 파스타 면을 가지고 활용하세요.

부추 페스토 스파게티

이탈리아 북부 지역에서 유래한 소스 페스토를
부추와 함께 응용한 스파게티입니다.
일반적으로 페스토는 신선한 채소와 치즈,
올리브 오일 등을 갈아 만듭니다.
스파게티 면이 소스의 녹색으로 물들어 눈까지
싱그러워지는 메뉴입니다.

How-To

1 부추는 소금물에 살짝 데치고 물기를 빼 준 다음 실온에 보관한다.

2 완두콩은 소금물에 데치고 물기를 빼 준다.

3 믹서를 이용해 데친 부추, 데친 완두콩과 휘핑 크림, 민트 잎, 크림 치즈를 분량대로 넣고 곱게 갈아 부추 페스토를 완성한다.

4 소금물에 스파게티를 삶는다.

5 팬에 ④의 스파게티와 ③의 부추 페스토를 넣고 약불에서 섞는다.

6 접시에 ⑤의 스파게티를 담고 파마산 치즈를 뿌려 준다.

재료

- □ 부추 5g
- □ 완두콩 1/3컵
  (냉동 혹은 생물)
- □ 휘핑 크림 1/2컵
- □ 민트 잎 5장
- □ 크림 치즈 1Ts
- □ 스파게티 80g
- □ 파마산 치즈 가루 2Ts

CHEF'S TIP

부추 말고도 시금치, 깻잎, 바질 등의 채소로 다양한 페스토를 만들어 활용이 가능합니다. 특히 아이들이 잘 먹지 않는 녹색 채소들을 이용해 보는 것도 좋겠습니다.

콩나물 치즈 마카로니

콩나물과 생선, 마카로니를 베사멜 소스로 맛을 내 아이들의 호기심까지 자극하는 메뉴입니다. 아삭한 콩나물과 짭조름한 치즈, 생선이 어우러져 특별한 영양식이 완성됐습니다.

How-To

1. 콩나물은 소금물에 데친 다음 물기를 빼고 먹기 좋은 크기로 자른다.

2. 생선은 가시를 제거하고 주사위 모양으로 자른 다음 소금물에 데쳐 포크로 으깬다.

3. 냄비에 버터를 넣고 약불에서 녹인 후 밀가루를 넣고 볶다가 우유를 붓고 약불에서 저어주면서 끓여 베사멜 소스를 완성한다. 소스를 만들 때, 한 번 끓은 기포가 올려오면 불을 꺼준다.

4. 크림 치즈, 파마산 치즈, 노른자를 ③의 베사멜 소스에 넣고 섞는다. 이때 베사멜 소스를 뜨거운 상태로 조리해야 치즈가 잘 녹는다. 취향에 따라 소금으로 간을 살짝 한다.

5. 치즈를 녹인 다음 ①의 콩나물과 ②의 생선을 넣는다.

6. 소금물에 마카로니를 5분 정도 삶은 다음 ⑤의 베사멜 소스와 섞는다.

7. ⑥의 재료들을 그라탱 접시에 담고 모차렐라 치즈 가루를 뿌린 다음 180도로 예열된 오븐에서 10분간 굽는다.

재료

- 콩나물 30g
- 흰 살 생선 50g
- 버터 12g
- 밀가루 12g
- 우유 200ml
- 필라델피아 크림 치즈 2Ts
- 파마산 치즈 가루 1Ts
- 달걀 노른자 1개
- 마카로니 50g
- 모차렐라 치즈 가루 3Ts
- 소금 약간

CHEF'S TIP

버터, 우유, 밀가루로 만든 베사멜 소스. 하얀 빛깔이 탐스러운 베사멜 소스는 크림처럼 부드러운 맛을 지닌 이탈리아 기본 소스입니다. 다양한 이탈리아 요리에서도 활용이 가능하니 참고하세요.

① 버터와 밀가루

② 우유

③ 베사멜 소스 완성

숙주 컵 파스타

재료

- 숙주 20g
- 감자 1/4개
- 당근 1/8개
- 애호박 1/8개
- 참치(캔) 1/2개
- 동물 모양 파스타 50g
- 크림 치즈 1Ts
- 마요네즈 2Ts

How-To

1. 숙주를 먹기 좋은 크기로 손질한다. 감자, 당근, 애호박은 작은 주사위 모양으로 자른다. 숙주와 모든 채소 재료는 소금물에 살짝 데친다. 참치는 체에 밭쳐 기름기를 제거한다.

2. ①의 재료들은 물기를 빼고 실온에서 식혀준다.

3. 동물 모양 파스타를 소금물에 삶고 체에 밭쳐 물기를 뺀다.

4. 믹싱 볼에 ③의 파스타, 참치, ②의 채소를 담고 크림 치즈, 마요네즈를 넣고 섞는다.

5. 완성된 파스타를 적당한 크기의 컵에 담는다.

시금치 파니니

How-To

1. 길쭉한 모양의 빵, 치아바타를 준비한다. 시금치는 깨끗이 씻은 후 소금물에 살짝 데친 다음 찬물에 헹군다.

2. 데친 시금치는 손으로 꼭 짠 후 팬에 버터를 두르고 볶는다.

3. ②의 시금치에 소금, 파마산 치즈를 넣어 간을 한다.

4. 믹싱 볼에 크림 치즈, 마요네즈, 꿀을 넣고 섞는다.

5. 치아바타를 길게 반으로 자른다.

6. ⑤의 한쪽 면에 ④의 크림 치즈를 바르고 ③의 시금치, 모차렐라 치즈를 올린 다음 덮는다.

Spinach Beef Muffin

시금치 소고기 머핀

재료

- 시금치(포항초) 50g
- 다진 믹스 견과류 1/2컵
  (땅콩, 호두, 잣)
- 다진 양파 1/4개
- 다진 당근 1/8개
- 다진 밤(익힌 것) 5개
- 소고기 500g
  (갈은 안심 혹은 등심)
- 빵 가루 2Ts
- 달걀 1개
- 소금 약간
- 후추 약간
- 버터 적당량

블루베리 소스

- 블루베리(냉동) 1컵
- 물 1/4컵
- 아가베 시럽 1Ts

How-To

1. 시금치는 깨끗이 씻어 살짝 데친 후 물기를 짜서 잘게 채 썬다. 갖가지 견과류, 양파, 당근, 찐 밤은 다져준다.

2. 믹싱 볼에 소고기, 빵 가루, 달걀, ①의 시금치, 다진 믹스 견과류, 양파, 당근, 밤을 넣고 섞는다. 간은 소금과 후추로 한다.

3. 실리콘 머핀 틀에 버터를 바르고 ②의 소고기 반죽을 눌러 채운다.

4. ③의 틀을 알루미늄 호일로 덮는다.

5. ④의 재료를 200도로 예열된 오븐에서 20분간 굽는다.

6. 팬에 블루베리 소스 재료를 넣고 약불에서 농도가 날 때까지 졸인다.

시금치 닭 가슴살 브리또

재료

□ 닭 가슴살 1장
□ 시금치 30g
□ 다진 양파 1/4개
□ 다진 마늘 1개
□ 올리브 오일 적당량
□ 토르티야 2장
□ 밥 1그릇
□ 모차렐라 치즈 1Ts

브리또 드레싱

□ 간장 5Ts
□ 황설탕 3Ts
□ 소금 1/2Ts
□ 피클 물 5Ts
□ 사이다 3Ts
□ 큐민(향식료) 약간
  (혹은 커리 가루 약간)

How-To

1. 믹싱 볼에 브리또 드레싱 재료를 모두 넣고 섞는다.

2. 닭 가슴살은 작은 주사위 모양으로 자른다. 시금치는 깨끗이 손질하고 양파와 마늘은 다진다.

3. 팬에 오일을 두르고 다진 양파, 마늘, 닭 가슴살, 시금치를 넣고 볶은 다음 ①의 드레싱을 조금씩 넣어가면서 간을 맞춘다.

4. 팬에 토르티야 피 한 장을 담고 그 위에 밥 1/2그릇과 모차렐라 치즈 1/2Ts, ③의 재료를 올리고 1분간 익힌 다음 돌돌 만다.

Cabbage Cous-cous
양배추 쿠스쿠스

파스타 중에 가장 작은 쿠스쿠스로 만든 요리입니다.
동글동글한 알맹이 모양이 쌀과 비슷합니다.
아삭한 식감의 양배추와 돼지고기, 토마토 소스로 맛을 낸
양배추 쿠스쿠스는 한끼 식사로도 손색이 없는
이탈리아 가정식입니다.

How-To

1 쿠스쿠스를 믹싱 볼에 담고 끓는 물 1컵을 붓고 15분간 불린다.

2 불린 쿠스쿠스는 뭉친다. 뭉친 쿠스쿠스를 양쪽 손바닥으로 비벼 입
  자를 털어준다.

3 양배추, 닭 가슴살, 돼지 등심, 새우는 작은 주사위 모양으로 자른다.
  양파는 다져준다.

4 팬에 오일을 두르고 다진 양파를 볶음 다음 ③의 나머지 재료들을 넣
  고 볶는다. 간은 소금, 후추로 한다.

5 ④의 재료를 ②의 쿠스쿠스와 섞어 완성한다. 냄비에 토마토 소스를
  데운다.

6 접시에 완성된 쿠스쿠스를 담고 데운 토마토 소스를 올린다.

재료

- ☐ 쿠스쿠스 1/2컵
- ☐ 양배추 2장
- ☐ 닭 가슴살 1/4장
- ☐ 돼지 등심 30g
- ☐ 깐 새우 3개
- ☐ 다진 양파 1/4개
- ☐ 올리브 오일 적당량
- ☐ 소금 약간
- ☐ 후추 약간
- ☐ 토마토 소스 1컵

CHEF'S TIP

쿠스쿠스는 요리 전 15분 정도 불려 사용해야 합니다. 뭉친 입자를 잘 털어내 요리를 하는 것이 쿠스쿠스 요리의 노하우입니다.

1

2

양배추 샌드위치 말이

재료

- 양배추 3장
- 당근 1/8개
- 삶은 달걀 1개
- 마요네즈 1Ts
- 아가베 시럽 1Ts
- 식초 1/2Ts
- 식빵 3장
- 슬라이스 햄 3장
  (샌드위치용)
- 슬라이스 치즈 3장

How-To

1. 양배추와 당근은 얇게 채 썰어 찬물에 10분간 담가둔다. 달걀은 삶아 준비한다.

2. ①의 채소를 체에 밭쳐 물기를 제거한다.

3. 삶은 달걀은 흰자와 노른자를 분리해 으깬다.

4. 믹싱 볼에 ②의 채소, ③의 달걀, 마요네즈, 아가베 시럽, 식초를 넣고 섞는다.

5. 식빵은 테두리를 자른 다음 밀대를 이용해 납작하게 만든다.

6. ⑤의 식빵 한 장에 햄, 치즈, ④의 재료들을 적당히 올린 다음 김밥처럼 돌돌 말아준다. 샌드위치를 말때 알루미늄 호일이나 비닐 랩을 이용하면 편리하다.

닭 가슴살 양배추 말이

 **재료**

- □ 양배추 3장
- □ 건포도 1Ts
     (물에 불린 것)
- □ 닭 가슴살 1장
- □ 물 200ml
- □ 양파 1/4개
- □ 소금 약간
- □ 사과 1/4개
- □ 잣 1Ts
- □ 옥수수 알(캔) 2Ts
- □ 마요네즈 2Ts

허니 머스터드

- □ 디종 머스터드 1Ts
- □ 꿀 1Ts

How-To

1 양배추는 소금물에 데친 다음 물기를 제거한다. 건포도는 물에 미리 60분 정도 불린다.

2 냄비에 닭 가슴살과 물, 양파, 소금을 넣고 약불에서 20분간 삶은 다음 건져 식힌다.

3 ②의 닭 가슴살은 먹기 좋은 크기로 찢는다.

4 사과는 막대 모양으로 자른다.

5 믹싱 볼에 ③의 닭 가슴살, ④의 사과, 건포도, 잣, 옥수수 알, 마요네즈를 넣고 섞는다.

6 ①의 양배추 한 장에 ⑤의 재료를 2Ts씩 올리고 돌돌 만다.

7 허니 머스터드 재료를 모두 섞어 드레싱을 완성한다. ⑥의 닭 가슴살 양배추 말이를 먹기 좋은 크기로 잘라 드레싱과 곁들인다.

참나물 에그 스터프

한 입에 쏙쏙~~ 앙증맞고 먹기 좋은
핑거 푸드의 대표 요리, 에그 스터프를 소개합니다.
아이 간식으로 삶은 달걀 많이 해 주시죠?
이번에는 조금 더 맛과 영양에 신경을 써서 만들어 주세요.
아이들이 좋아하는 우리 집 간식,
머스트 헤브 아이템 1호가 될 겁니다.

How-To

1. 참나물은 물에 데친 다음 물기를 짜 주고 다진다.

2. 소금물에 달걀을 완숙으로 삶는다. 달걀 껍질을 벗길 때는 물에 식초 (1Ts)를 넣으면 껍질을 쉽게 벗길 수 있다.

3. 껍질을 벗긴 달걀을 길게 반으로 자른 다음 노른자와 흰자를 분리한다. 이때 흰자가 부서지지 않도록 신경을 쓴다.

4. 참치를 체에 밭쳐 기름기를 빼 준 다음 체에 내려 입자를 곱게 한다.

5. 믹싱 볼에 ③의 분리해 둔 노른자, 마요네즈, ①의 참나물, ④의 참치를 넣고 섞는다.

6. ⑤의 재료를 짤 주머니에 넣고 ③의 흰자 속을 채운다.

 **재료**

□ 참나물 30g
□ 달걀 3개
□ 참치(캔) 1개
□ 마요네즈 5Ts

CHEF'S TIP
참나물 대신 시금치나 부추 등 다른 채소로 활용하면 계절에 상관없이 즐길 수 있습니다.

참나물 로제 숏 파스타

향긋한 향취를 지닌 참나물을 이용한 로제 파스타입니다.
베타카로틴이 풍부한 참나물은
알칼리성 식품으로 눈 건강에 좋은 봄나물입니다.
봄철 아이들이 유독 입맛이 없어할 때
만들어 주면 참 좋은 메뉴입니다.

How-To

1 참나물은 깨끗하게 씻은 후 물기를 빼고 굵게 채 썬다.

2 새우는 작은 주사위 모양으로 자른다. 양파와 마늘은 다진다.

3 팬에 오일을 두르고 다진 양파, 마늘을 볶은 다음 새우, 조갯살을 넣어 다시 볶는다.

4 ③의 팬에 토마토 소스, 휘핑 크림을 넣은 다음 뚜껑을 덮고 약불에서 5분간 더 끓인다. 5분 후 불을 끄고 ①의 참나물을 넣고 섞는다.

5 소금물에 파스타를 삶아 건진다. 약불에서 익힌 파스타와 ④의 소스를 섞어 마무리한다.

 재료

- □ 참나물 30g
- □ 깐 새우 8개
- □ 다진 양파 1/4개
- □ 다진 마늘 1개
- □ 올리브 오일 적당량
- □ 조갯살 10개
  (중합 / 해감 된 것)
- □ 토마토 소스 1/4컵
- □ 휘핑 크림 1컵
- □ 숏 파스타 50g
  (로텔레)

CHEF'S TIP

참나물이 지닌 독특한 향취 때문에 조개나 해산물 요리를 할 때 함께 요리하면 좋습니다. 특히 참나물을 함께 넣어주면 비릿한 바다 내음을 잡을 수 있으니 참고하세요.

Balloon Flower Seafood Cream Spaghetti

도라지 해물 크림 스파게티

재료

- 도라지 1개
- 우유 1컵
- 깐 새우 3마리
- 오징어(몸통) 1/4개
- 올리브 오일 적당량
- 다진 마늘 1개
- 조개(해감된 것) 2개
- 홍합(손질된 것) 2개
- 휘핑 크림 1컵
- 스파게티 80g
- 소금 약간
- 파슬리 가루 적당량

How-To

1. 냄비에 우유 1컵에 붓고 도라지와 15분 정도 끓여 다진다.

2. 새우, 오징어는 푸드 프로세서를 이용해 곱게 다진다.

3. 팬에 오일을 두르고 다진 마늘을 볶은 다음 ②의 재료와 해감된 조개, 손질한 홍합을 넣고 볶는다. 이때 조개와 홍합은 살을 분리해 조리한다.

4. ③의 팬에 휘핑 크림을 붓고 뚜껑을 덮은 다음 약불에서 5분간 끓인다.

5. 소금물에 스파게티를 삶아 물기를 뺀다.

6. ⑤의 스파게티를 ④의 소스와 섞어가며 약불에서 볶는다. 마지막으로 파슬리 가루를 뿌려 준다.

Paprika Penne Pasta

파프리카 펜네 파스타

재료

- ☐ 닭 가슴살 1/2장
- ☐ 케이준 파우더 1/2Ts
- ☐ 파프리카 1/2개
- ☐ 방울토마토 5개
- ☐ 다진 양파 1/4개
- ☐ 올리브 오일 적당량
- ☐ 소금 약간
- ☐ 휘핑 크림 1컵
- ☐ 파슬리 가루 적당량
- ☐ 펜네 파스타 50g

How-To

1. 닭 가슴살은 푸드 프로세서를 이용해 다진다.
2. 믹싱 볼에 ①의 닭 가슴살과 케이준 파우더를 넣고 1시간 정도 냉장고에서 재워둔다.
3. 파프리카는 작은 주사위 모양으로 자르고, 방울토마토는 4등분한다. 양파는 다져 준비한다.
4. 팬에 오일을 두르고 양파를 볶은 후 ②의 닭 가슴살과 ③의 파프리카, 방울토마토를 넣고 볶는다. 간은 소금으로 한다.
5. ④의 팬에 휘핑 크림을 넣고 약불에서 5분간 끓인 다음 파슬리로 마무리한다.
6. 소금물에 펜네 파스타를 삶아 체에 밭쳐 물기를 빼 준다.
7. 약불에서 ⑥의 삶아낸 파스타와 ⑤의 소스를 섞으면 완성.

파프리카 스트루들

이름은 조금 생소하지만, 스트루들은 과일을
밀가루 반죽에 얇게 싸서 오븐에 구운 요리입니다.
아이들이 평소에 잘 먹지 않는 채소나 과일을 함께 곁들여
요리하기에 활용도가 놓은 요리입니다.

How-To

1 파프리카는 반으로 잘라 씨를 제거하고 분량만큼 작은 주사위 모양으로 자른다.

2 방울토마토는 4등분으로 자른다. 양파는 다져 준비한다.

3 팬에 오일을 두르고 다진 양파, 돼지고기를 볶은 다음 ①의 파프리카, ②의 방울토마토를 넣어 볶는다. 간은 소금과 후추로 하고 실온에서 식힌다.

4 패스트리는 밀대를 이용해 3mm 정도의 두께로 펴 준다.

5 패스트리 위에 ③의 재료를 올린다.

6 ⑤를 넓게 펴 준 다음 모차렐라를 올리고 돌돌 만다.

7 달걀을 풀어 패스트리 겉면에 바르고 180도로 예열한 오븐에서 15분간 굽는다.

재료

☐ 파프리카 1/4개
☐ 방울토마토 3개
☐ 다진 양파 1/4개
☐ 올리브 오일 적당량
☐ 돼지고기 100g
　(갈은 등심)
☐ 소금 약간
☐ 후추 약간
☐ 패스트리 파이 1장
☐ 모차렐라 치즈 5Ts
☐ 달걀(달걀물) 1개

5　　　　6

Paprika Cream

파프리카 크림

재료

- 파프리카 1개
- 방울토마토 5개
- 황설탕 1Ts
- 올리브 오일 적당량
- 소금 약간
- 휘핑 크림 1/2컵

How-To

1 파프리카는 4등분으로 잘라 씨를 제거한다.

2 방울토마토는 꼭지 부분을 제거하고 반으로 자른다.

3 오븐 접시에 ①의 파프리카, ②의 방울토마토를 올리고 황설탕, 올리브 오일, 소금을 뿌려 준다.

4 170도로 예열한 오븐에서 ③의 재료들을 12분간 구운 다음 믹서를 이용해 곱게 간다.

5 냄비에 ④의 재료를 넣고 휘핑 크림을 부은 다음 약불에서 1분간 끓인다.

오징어 파프리카 튀김

재료

- □ 오징어(몸통) 1개
- □ 파프리카 1/4개
- □ 고구마 1/2개
- □ 샐러리 1/2개

튀김 반죽
- □ 밀가루 1/2컵
- □ 달걀 1개
- □ 얼음물 적당량

유자 요거트 드레싱
- □ 유자청 1Ts
- □ 플레인 요거트 1/3컵

How-To

1 오징어는 껍질을 벗기고 길게 자른다.

2 믹싱 볼에 체에 곱게 내린 밀가루, 달걀을 섞고 얼음물을 넣어가면서 반죽을 완성한다. 완성된 반죽은 냉장고에 보관한다.

3 씨를 제거한 파프리카, 고구마, 샐러리는 막대 모양으로 길게 자른다.

4 ②의 튀김 반죽에 오징어와 채소 재료들을 넣고 잘 섞는다.

5 튀김 오일을 예열하고 튀김 재료를 적당한 크기로 넣어가면서 튀김을 완성한다.

6 유사청과 요거트를 분량대로 섞어 드레싱을 완성한다.

콜리플라워 스팀 소고기

새하얀 속살이 앙증맞은 콜리플라워는
슈퍼푸드 브로콜리의 한 종류로 많이 먹어도
지나칠 것이 없는 식재료입니다.
특히 이번 메뉴는 부드러운 안심과 파인애플 소스를 곁들여
입과 몸이 함께 건강해지는 요리입니다.

How-To

1 소고기는 큰 주사위 모양으로 자른다.

2 콜리플라워는 주사위 모양으로 자른다. 냄비에 찜기를 얹히고 물을 끓인다.

3 소고기와 콜리플라워는 소금으로 간을 한다. ②의 냄비 스팀에서 소고기와 콜리플라워를 10분간 익힌다.

4 파인애플은 껍질을 벗겨 믹서로 곱게 간다. 취향에 따라 너무 걸쭉하다고 생각된다면 생수를 조금 넣어 갈아준다.

5 접시에 ④의 파인애플 소스를 담고 ③의 소고기와 콜리플라워를 올린다.

재료

- 소고기(안심) 150g
- 콜리플라워 50g
- 소금 약간
- 파인애플 1/4개

CHEF'S TIP

비타민 C가 풍부한 콜리플라워는 양배추와 배추보다 식이섬유가 많은 착한 채소입니다.

Minestrone
미네스트로네

재료

- □ 양배추 20g
- □ 당근 1/8개
- □ 브로콜리 20g
- □ 완두콩 2Ts
- □ 감자 1/4개
- □ 샐러리 1/2개
- □ 애호박 1/8개
- □ 다진 양파 1/4개
- □ 다진 마늘 1개
- □ 다진 베이컨 2Ts
- □ 닭 가슴살 1/2장
- □ 올리브 오일 적당량
- □ 채소 육수 3~4컵
  (13페이지 참고)
- □ 소금 약간
- □ 스파게티 10g

How-To

1. 양배추, 당근, 브로콜리, 완두콩, 감자, 샐러리, 애호박은 작은 주사위 모양으로 자른다.

2. 양파와 마늘, 베이컨은 잘게 다지고 닭 가슴살은 3등분으로 잘라 준비한다.

3. 냄비에 오일을 두르고 다진 양파, 마늘, 베이컨과 닭 가슴살을 볶은 다음 ①의 채소 재료들을 넣고 다시 볶는다.

4. ③의 냄비에 육수를 부은 다음 약불에서 20분간 끓인다. 간은 소금으로 한다. 닭 가슴살의 경우 육수를 빼기 위한 재료이므로 취향에 따라 닭고기를 제거하거나 잘게 찢어 수프와 섞는다.

5. 스파게티를 천으로 감싸 짧은 길이로 부순 다음 소금물에 삶아 체에 밭쳐 둔다.

6. ⑤의 스파게티를 ④의 냄비에 넣고 약불에서 1분간 끓인다.

Broccoli Vegetable Cream Soup

브로콜리 채소 크림 수프

재료

- 브로콜리 30g
- 배추 1장
- 애호박 1/8개
- 당근 1/8개
- 양파 1/6개
- 고구마 1/4개
- 감자 1/4개
- 시금치 5장
- 올리브 오일 적당량
- 채소 육수 3~4컵 (13페이지 참고)
- 소금 약간
- 파마산 치즈 가루 적당량

How-To

1. 브로콜리, 배추, 애호박, 당근, 양파, 고구마, 감자는 작은 주사위 모양으로 자른다. 시금치도 다른 채소 크기 정도로 잘라준다.

2. 냄비에 오일을 두르고 모든 채소 재료를 중불에서 볶는다.

3. ②의 냄비에 채소 육수를 붓고 약불에서 20분간 끓여준다. 이때 육수의 양은 채소가 잠길 정도의 양이다.

4. 완전히 익힌 채소를 육수와 함께 믹서로 곱게 갈아준다.

5. ④의 수프는 소금으로 간을 하고 파마산 치즈를 뿌려 마무리한다.

브로콜리 누룽지 수프

재료

- 닭 가슴살 1/2장
- 브로콜리 30g
- 삶은 고구마 1/2개
- 새송이 버섯 1/2개
- 양파 1/4개
- 오일 적당량
- 소금 약간
- 토마토 소스 1/2컵
- 찹쌀 누룽지 50g

How-To

1. 닭 가슴살은 작은 주사위 모양으로 자른다. 브로콜리는 살짝 데치고, 고구마는 삶아 준비한다.

2. 브로콜리, 삶은 고구마, 버섯은 작은 주사위 모양으로 자르고 양파는 길게 자른다.

3. 팬에 오일을 두르고 버섯, 양파, 닭 가슴살을 볶는다. 소금을 살짝 뿌려 간을 한다.

4. ③의 팬에 토마토 소스, 브로콜리, 고구마를 넣고 약불에서 5분간 끓여 수프를 완성한다.

5. 누룽지는 기름을 예열한 후 노릇하게 튀긴 다음 작게 자른다.

6. ⑤의 누룽지를 ④의 수프에 넣는다.

Pickle

피클

COOKING TIME
40min

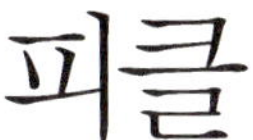

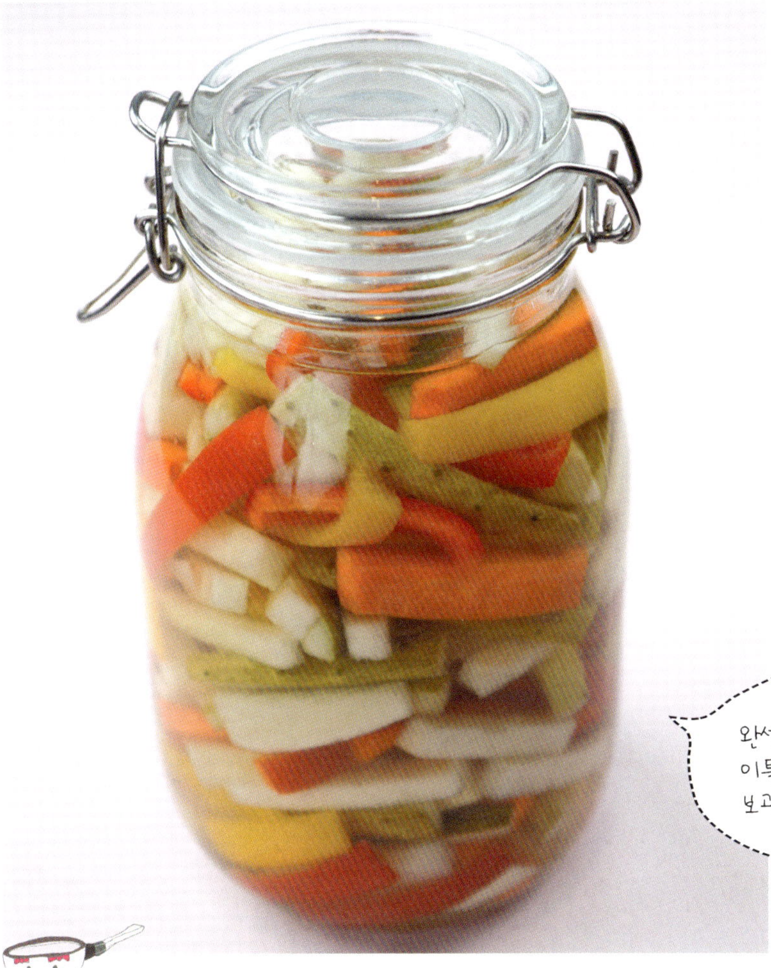

재료

피클 소스
- □ 피클링 스파이스 25g
- □ 소금 50g
- □ 황설탕 250g
- □ 환만 식초 200ml
- □ 물 6컵

- □ 오이 5개
- □ 당근 1개
- □ 무 1/4개
- □ 빨간 파프리카 1개
- □ 노란 파프리카 1개

완성된 피클은
이틀 정도 냉장고에서
보관하세요.

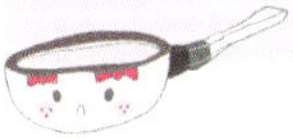

How-To

1 냄비에 식초를 뺀 나머지 피클 소스 재료를 분량대로 넣고 10분 정도 끓인다.

2 ①의 냄비에서 피클링 스파이스를 체에 걸러 준 다음 식혀준다.

3 ②의 냄비에 식초를 붓고 섞어 피클 소스를 완성한다.

4 오이, 당근, 무, 파프리카를 작은 막대 모양으로 자른다.

5 병을 깨끗하게 소독해서 준비한다.

6 ④의 재료를 준비한 병에 차곡차곡 담고 ③의 피클 소스를 채소들이 잠길 때까지 붓는다.

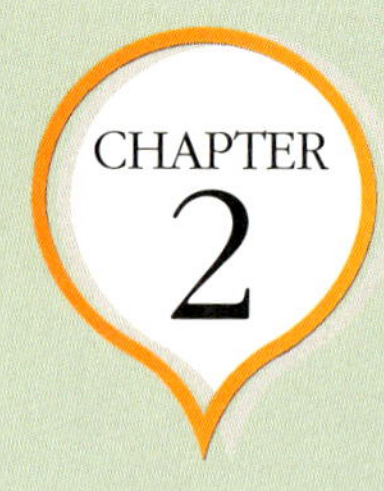

365일이 즐겁다!
계절 채소

봄, 여름, 가을, 겨울.
각 계절의 햇살과 대지가 만들어 내는
채소들로 아이들에게 요리해 주는 것은 참으로 중요한 일입니다.
자연이 주는 선물로 아이 식탁을 사계절 풍성하게 차려 주세요.
건강은 물론 아이와 가족이 모두 행복해집니다.

Season Vegetable

쑥 카나페

향긋한 향취로 식욕을 자극하는 쑥은
각종 비타민, 무기질이 풍부하고 면역력을 높여
아이들의 성장에 도움을 주는 재료입니다.
특히 한 줌 정도 되는 쑥을 섭취하면
하루 권장 비타민 A를 섭취할 수 있다고 합니다.

How-To

1 쑥은 찬물에 씻은 후 끓는 물에 살짝 데친다.

2 ①의 데친 쑥을 찬물에 헹궈 물기를 꼭 짜 준 다음 잘게 다진다.

3 삶은 고구마와 새우는 작은 주사위 모양으로 자른다.

4 믹싱 볼에 밀가루, 달걀, 소금, 물을 분량대로 넣고 반죽을 완성한 다음 옥수수(캔) 4Ts와 ②의 쑥, ③의 고구마, 새우를 넣고 섞는다.

5 팬에 오일을 두른 후 ④의 반죽을 2Ts씩 수저로 떠서 모양을 잡아준 다음 앞뒤로 노릇하게 굽는다.

6 ⑤의 카나페 위에 크림 치즈를 올려준 다음 남은 1Ts 분량의 옥수수(캔)나 아이들이 좋아하는 채소를 올려 마무리한다.

 **재료**

- 쑥 1줌
- 삶은 고구마 1/2개
- 깐 새우 5마리
- 밀가루 3Ts
- 달걀 1개
- 소금 약간
- 물 1/4컵
- 옥수수(캔) 5Ts
- 올리브 오일 적당량
- 크림 치즈 3Ts

카나페를 365일 즐기고 싶다면, 쑥을 대신해 부추, 시금치 등의 녹색 채소로 활용해 보세요.

쑥 라자냐

넙적한 라자냐 면과 쫀득한 치즈 안에 아이들에게
필요한 채소들을 쏙쏙 감춰 요리해 보세요.
평소 잘 먹지 않는 채소들을 눈 깜짝할 사이에 뚝딱 먹어 치워버립니다.

How-To

1 닭 가슴살은 작은 주사위 모양으로 자른다.

2 쑥은 큼직하게 다지고, 당근, 단호박, 파프리카, 가지는 작은 주사위 모양으로 자른다.

3 팬에 오일을 두르고 다진 양파를 볶은 다음 닭 가슴살, ②의 당근, 단호박, 파프리카, 가지를 넣고 익힌다. 간은 소금, 후추로 한다.

4 냄비에 버터를 넣고 약불에서 녹인 후 밀가루를 넣어 볶는다.

5 ④의 냄비에 우유를 붓고 약불에서 저어주면서 끓여 베사멜 소스를 완성한다. 소스가 끓으면 불을 꺼준다.

6 ⑤의 베사멜 소스에 파마산 치즈, ②의 다진 쑥, ③의 재료를 모두 섞어 라자냐 소스를 완성한다.

7 그라탱 접시에 ⑥의 완성된 소스를 넓게 펴서 바른 다음 그 위에 라자냐 면을 한 겹 덮는다.

8 소스를 다시 바르고 라자냐 면으로 덮고 소스를 바르는 순서로 4~5층 높이로 소스를 바르고 라자냐 면을 덮는다.

9 ⑧의 위에 모차렐라 치즈, 파마산 치즈를 뿌려 준 다음 180도로 예열한 오븐에서 12분간 굽는다.

 **재료**

- ☐ 닭 가슴살 1/2장
- ☐ 쑥 1줌
- ☐ 당근 1/8개
- ☐ 단호박 1/8개
- ☐ 파프리카 1/4개
- ☐ 가지 1/6개
- ☐ 다진 양파 1/4개
- ☐ 올리브 오일 적당량
- ☐ 소금 약간
- ☐ 후추 약간
- ☐ 버터 15g
- ☐ 밀가루 15g
- ☐ 우유 200ml
- ☐ 파마산 치즈 가루 3Ts
- ☐ 라자냐 파스타 5개 (건면)
- ☐ 모차렐라 치즈 3Ts

CHEF'S TIP

라냐쟈 건면은 시중에서 쉽게 구할 수 있습니다. 만약 생면을 사용하고자 한다면 반죽을 해서 밀대로 직접 밀어야 하는 번거로움 때문에 건면을 많이 사용합니다. 건면은 듀럼밀 100%로 만들지만 생면은 밀가루와 달걀물로 반죽을 합니다.

쑥 고구마 오븐 구이

- 쑥 1줌
- 고구마 2개
- 피망 1/4개
- 당근 1/8개
- 애호박 1/8개
- 가지 1/4개
- 오일 적당량
- 소금 약간
- 건포도 2Ts
- 잣 2Ts
- 모차렐라 치즈 5Ts

How-To

1 쑥을 끓는 물에 살짝 데친다. 데친 쑥은 찬물에 헹궈 물기를 꼭 짜 준 다음 잘게 다진다.

2 고구마는 알루미늄 호일로 감싼 다음 200도로 예열된 오븐에서 20분간 굽는다.

3 오븐에 익힌 고구마는 반으로 자른 다음 숟가락을 이용해 속을 파낸다. 이때 속을 파낸 고구마는 보관한다. 피망, 당근, 애호박, 가지는 작은 주사위 모양으로 자른다.

4 팬에 오일을 두르고 ③의 자른 채소 재료들을 볶은 다음 파낸 고구마도 섞어 볶는다. 간은 소금으로 한다.

5 믹싱 볼에 건포도, 잣, 모차렐라 치즈와 ①의 쑥, ④의 재료들을 섞은 다음 반으로 잘라둔 고구마 속을 채운다. 고구마는 200도로 예열한 오븐에서 5분 정도 굽는다.

달래 까르보나라 숏 파스타

재료

까르보나라 소스
- 달걀 노른자 2개
- 휘핑 크림 1/2컵
- 파마산 치즈 가루 2Ts

- 달래 1줌
- 당근 1/8개
- 양파 1/8개
- 애호박 1/8개
- 가지 1/8개
- 피망 1/8개
- 단호박 약간
- 숏 파스타 50g
  (로텔레)
- 소금 약간
- 올리브 오일 1Ts
- 다진 베이컨 2Ts

How-To

1 믹싱 볼에 까르보나라 소스 재료를 넣고 섞는다.

2 달래는 큼직하게 다지고 당근, 양파, 애호박, 가지, 피망, 단호박은 작은 주사위 모양으로 자른다. 물에 소금 약간을 넣고 파스타 면을 삶는다.

3 팬에 오일을 두르고 다진 베이컨과 ②의 채소 재료들을 볶다가 파스타 면을 삶은 소금물을 2Ts 정도 넣고 다시 볶아준다.

4 ②의 파스타를 ③의 팬에 넣고 준비해 둔 까르보나라 소스를 부은 후 잘 버무린다.

5 약불에서 소스 농도가 걸쭉해질 때까지 잘 저어준다.

달래 고르곤졸라 소고기 바

아이들의 호기심을 자극해 보세요.

아이들이 반짝거리는 눈으로 신기해 하는 메뉴를 소개합니다.

아이스 바 형태로 만든 이 요리는 달래로 향을 내 더욱 건강해졌습니다.

How-To

1 달래는 소금물에 살짝 데친 다음 잘게 다진다.

2 믹싱 볼에 우유를 넣고 식빵을 촉촉하게 적셔 둔다.

3 냄비에 휘핑 크림, 고르곤졸라 치즈를 넣고 약불에서 천천히 저어주면서 치즈를 녹인다.

4 다른 믹싱 볼에 양파, 돼지고기, 소고기, 파마산 치즈 가루, 우스터 소스를 넣고 ①과 ②의 재료를 섞어 반죽을 완성한다. 간은 소금과 후추로 한다.

5 완성된 반죽을 적당한 크기의 아이스 바 형태로 만든다.

6 팬에 오일을 두르고 ⑤의 바를 앞뒤로 골고루 익힌다.

7 ⑥에 ③의 소스를 바른 후 견과류를 묻히고 나무 막대를 끼운다.

 **재료**

- ☐ 달래 1줌
- ☐ 우유 5Ts
- ☐ 식빵 2장
- ☐ 휘핑 크림 1/2컵
- ☐ 고르곤졸라 치즈 1Ts
- ☐ 다진 양파 1/2개
- ☐ 갈은 돼지고기 5g
- ☐ 갈은 소고기 100g
  (안심 혹은 등심)
- ☐ 파마산 치즈 가루 2Ts
- ☐ 우스터 소스 1/2Ts
- ☐ 소금 약간
- ☐ 후추 약간
- ☐ 올리브 오일 적당량
- ☐ 다진 믹스 견과류 적당량

③

⑥

⑦

두릅 소고기 꼬치

단백질이 풍부하고, 비타민, 식이섬유가 다량
함유된 두릅은 산나물 중에서도 왕으로 꼽힙니다.
이번에는 소고기와 함께 맛을 내는 꼬치 메뉴로
한 손에 들고 쏙쏙 빼서 먹기도 좋아
아이들은 물론 가족 모두가 좋아하는 특별식입니다.

How-To

1 소고기를 주사위 모양으로 자른 다음 꼬치에 끼우고 소금, 후추, 밀가루 순으로 묻힌다.

2 팬에 오일을 두르고 소고기를 익힌다.

3 깨끗하게 손질한 두릅은 소금물에 데친 다음 찬물에 헹궈 물기를 제거한다.

4 데친 두릅은 잘게 다진다.

5 팬에 오일을 두르고 다진 양파와 마늘, 두릅을 볶은 다음 토마토 소스를 넣고 약불에서 5분간 끓인다.

6 오븐 접시에 ⑤의 토마토 소스를 넣고 ②의 소고기 꼬치를 올린 다음 모차렐라 치즈로 덮는다.

7 200도로 예열된 오븐에서 ⑥의 꼬치를 5분간 굽는다.

재료

- 소고기 200g (안심 혹은 등심)
- 소금 약간
- 후추 약간
- 밀가루 적당량
- 올리브 오일 적당량
- 두릅 3개
- 다진 양파 1/4개
- 다진 마늘 1개
- 토마토 소스 1컵
- 모차렐라 치즈 1/2개

CHEF'S TIP

각종 비타민이 풍부한 두릅. 두릅을 요리할 때는 자칫 비타민 C가 파괴될 수 있으므로 미리 끓는 소금물에 살짝 데칩니다.

Dureub Omelet & Tomato Bruschetta

두릅 오믈렛 & 토마토 브루스케타

재료

- ☐ 두릅 2개
- ☐ 달걀 3개
- ☐ 파마산 치즈 가루 1Ts
- ☐ 버터 1Ts
- ☐ 슬라이스 치즈 2장
- ☐ 토마토 1/2개
- ☐ 마늘 바게트 2개
- ☐ 올리브 오일 1Ts
- ☐ 소금 약간

How-To

1 두릅은 찬물에 깨끗이 씻은 후 끓은 물에 살짝 데친다. 데친 두릅은 찬물에 헹궈 물기를 짜 준 다음 잘게 다진다.

2 믹싱 볼에 달걀을 넣고 흰자와 노른자를 잘 섞은 다음 ①의 두릅과 파마산 치즈를 넣고 섞는다.

3 팬에 버터를 두르고 ②의 달걀물을 부어준 다음 약불에서 오믈렛을 완성한다.

4 완성된 오믈렛 위에 슬라이스 치즈를 길게 잘라 올리고 치즈를 녹인다. 치즈를 녹일 때는 오 븐이나 전자레인지를 사용하면 편리하다.

5 토마토는 작은 주사위 모양으로 자른다. 믹싱 볼에 토마토를 넣고 올리브 오일과 소금으로 간을 한다. 바게트 위에 토마토를 적당히 올려 오믈렛과 곁들인다.

Dureub Mousse & Sweet Pumpkin Cream Soup

두릅 무스 & 단호박 크림 수프

 **재료**

두릅 무스
- 두릅 2개
- 크림 치즈 1Ts
- 꿀 1/2Ts

단호박 크림 수프
- 단호박 1/2개
- 휘핑 크림 1/4컵
- 우유 1컵
- 꿀 1Ts

How-To

1. 두릅은 찬물에 씻은 후 끓는 물에 살짝 데친다. 데친 두릅을 찬물에 헹궈 물기를 꼭 짜 준 다음 잘게 다진다.

2. 믹싱 볼에 ①의 두릅, 크림 치즈, 꿀을 넣고 잘 섞는다.

3. 단호박은 반으로 잘라 씨를 제거한다. 단호박을 알루미늄 호일로 감싼 다음 200도로 예열한 오븐에서 20분간 굽는다.

4. 단호박을 식힌 후 껍질을 제거하고 포크를 이용해 으깬다.

5. 냄비에 ④의 단호박, 휘핑 크림, 우유, 꿀을 넣고 약불에서 섞는다.

6. ⑤의 단호박 수프를 그릇에 담고 ②의 크림 치즈를 동글게 모양 잡아 올려준다.

호두 볼 옥수수 수프

입안에서 톡톡 터지는 고소한 맛이 일품인 옥수수는
여름을 대표하는 식재료입니다.
요즘 여름은 아이들에게 참 버티기 힘든 계절입니다.
호두 볼 옥수수 수프는 여름이 아니더라도 입맛이 없어할 때 만들어 주면
좋은 메뉴로, 브레인 푸드 호두를 곁들여
아이들 눈높이에 맞춘 특별 메뉴입니다.

How-To

1 옥수수는 물기를 빼고 잘게 다진다.

2 냄비에 버터를 녹인 다음 약불에서 밀가루를 넣고 볶는다.

3 ②의 냄비에 우유를 부은 다음 약불에서 농도가 날 때까지 계속 저어
  준다.

4 ③의 냄비에 ①의 옥수수를 넣고 소금, 후추로 간을 한다.

5 믹싱 볼에 다진 호두, 크림 치즈, 꿀을 분량대로 넣고 섞어 동글동글
  하게 만든다.

6 ④의 수프를 그릇에 담고 ⑤의 호두 볼을 올려준다.

재료

- 옥수수(캔) 5Ts
- 버터 10g
- 밀가루 10g
- 우유 1컵
- 소금 약간
- 후추 약간
- 다진 호두 10개
- 크림 치즈 1Ts
- 꿀 1/2Ts

CHEF'S TIP

옥수수는 알부터 수염까지 버릴 것이 없는 채소입니다. 세계 3대 곡물인 옥수수는 식이섬유
와 비타민, 단백질이 풍부해 육류, 우유와 함께 먹으면 영양의 균형까지 맞출 수 있습니다.

Corn Cream Crepe

옥수수 크림 크레페

재료

크레페 반죽(10장 분량)
- 밀가루 75g
- 우유 200ml
  (실온 보관)
- 달걀 1개
- 녹인 버터 1Ts
- 꿀 1/2Ts
- 소금 약간

- 삶은 옥수수 1개
- 감자 1/2개
- 우유 1컵

How-To

1. 믹싱 볼에 밀가루를 넣고 우유를 천천히 넣어가며 잘 저어준다. 밀가루의 입자가 굵다면 체에 걸러준다. 반죽에 달걀, 녹인 버터, 꿀, 소금을 넣고 섞는다.

2. 키친 타월을 이용해 팬에 오일을 바른 후 약불에서 반죽을 얇게 떠서 부친다.

3. ②의 크레페를 앞뒤로 구운 다음 실온에서 식혀 보관한다.

4. 냄비에 삶은 옥수수 알, 감자, 우유를 넣고 약불에서 감자가 익을 때까지 끓인다.

5. ④의 재료를 믹서로 곱게 간 다음 체에 걸러 옥수수 크림을 완성한다.

6. 적당하게 식혀 둔 크레페에 옥수수 크림을 곁들인다.

옥수수 키쉬 파이

재료

파이 속 재료
- 우유 1/2컵
- 휘핑 크림 1/2컵
- 달걀 1개
- 다진 베이컨 2Ts
- 옥수수(캔) 1컵
- 폰탈 치즈 1/2컵
- 모차렐라 치즈 1/2컵
- 소금 약간

키쉬 파이 반죽
- 밀가루 125g
- 실온 버터 60g
- 물 30g

How-To

1 믹싱 볼에 파이 속 재료들을 모두 넣고 섞는다.

2 다른 믹싱 볼에 밀가루와 실온 버터를 넣고 뭉쳐질 때까지 반죽한 다음 물을 조금씩 넣어 가며 반죽한다. 반죽을 랩으로 덮어 냉장고에서 1시간 정도 보관한다.

3 냉장고에서 숙성해 둔 ②의 반죽을 밀대로 넓게 밀어 준 다음 원하는 파이 틀에 맞게 자른다. 이때 반죽이 질다면 밀가루를 뿌려 가면서 펴 준다.

4 파이 틀 바닥에 오븐 종이를 깐 다음 ③의 파이 반죽으로 덮고 포크를 이용해 구멍을 낸다.

5 190도로 예열된 오븐에서 ④의 반죽을 12분간 구운 다음 실온에서 식힌다.

6 ⑤의 파이 위에 ①의 재료들을 올리고 160도로 예열한 오븐에서 20분 정도 더 굽는다.

Corn Spaghetti

옥수수 스파게티

재료

- □ 물 3컵
- □ 팥 1/5컵
- □ 옥수수(캔) 1컵
- □ 황설탕 1Ts
- □ 스파게티 20g
- □ 소금 약간

How-To

1. 냄비에 물 1컵과 팥을 넣고 중불에서 끓인다. 팥물이 한 번 끓어 오르면 물을 버린 다음 다시 한 번 물을 2컵 정도 채우고 약불에서 천천히 팥이 익을 때까지 끓인다.

2. ①의 냄비에 옥수수를 넣고 황설탕으로 간을 한다.

3. 스파게티를 천으로 감싼 다음 잘게 부순다.

4. ③의 스파게티를 소금물에 삶아 물기를 뺀 후 ②의 재료와 섞어 완성한다.

Potato & Fish Chip

감자 & 피쉬 칩

재료

- ☐ 감자 1개
- ☐ 튀김 오일 적당량
- ☐ 고등어 1조각
- ☐ 소금 약간
- ☐ 후추 약간
- ☐ 밀가루 적당량
- ☐ 케첩 적당량

튀김 반죽

- ☐ 밀가루 3Ts
- ☐ 물(혹은 탄산수) 1/2컵
- ☐ 달걀 흰자 1개

How-To

1. 감자는 껍질을 벗기고 슬라이서를 이용해 얇게 자른다.

2. ①의 자른 감자는 찬물에 헹궈 전분기를 제거한 다음 물기를 없앤다.

3. 튀김 오일을 예열한 다음 ②의 감자를 튀기고 소금으로 간을 한다.

4. 믹싱 볼에 밀가루, 물, 달걀 흰자를 넣고 튀김옷을 반죽한다. 반죽을 냉장고에서 20분 정도 보관한다.

5. 가시 없이 손질한 생선은 소금, 후추로 밑간을 하고 밀가루를 묻혀 ④의 반죽을 입힌다.

6. ⑤의 재료를 튀김 오일에서 튀긴 다음 키친타올을 이용해 기름을 빼 준다.

모차렐라 감자 케이크

다양한 요리 재료로 사용되는 감자는 아이들도 좋아하는 채소입니다.
고소하고 달큰한 감자를 으깨 모차렐라 치즈와 함께
멋을 낸 케이크 스타일 요리입니다.
멋스러움은 물론 부드러운 맛이 일품인 이 메뉴는
간식은 물론 점심 식사 대용으로도 좋습니다.

How-To

1. 감자는 껍질을 벗겨 반으로 자른 다음 소금물에 삶는다.

2. ①의 삶은 감자를 포크로 으깬 다음 달걀 노른자, 파마산 치즈 가루, 버터를 넣고 섞는다.

3. 오븐 접시에 ②의 감자를 넓게 펴 준 다음 토마토 소스와 모차렐라 치즈를 올린다. 다시 한 번 감자를 올리고 토마토 소스, 치즈, 감자 순으로 덮어준다. 이때 짤 주머니를 이용하면 편리하다.

4. ③을 오븐에 굽기 전, 붓을 이용해 달걀물을 감자에 발라 준다.

5. 180도로 예열된 오븐에서 ④의 감자 케이크를 10분간 굽는다.

6. ⑤의 감자 케이크에 파슬리 가루를 솔솔 뿌려 마무리한다.

 **재료**

- □ 감자 2개
- □ 달걀 노른자 2개
- □ 파마산 치즈 가루 2Ts
- □ 버터 2Ts
- □ 토마토 소스 5Ts
- □ 모차렐라 치즈 5Ts
- □ 달걀(달걀물) 1개
- □ 파슬리 가루 적당량

감자 대신 고구마나 단호박을 사용해 레시피를 활용해 보세요.

Potato Green Pepper Egg Pie

감자 피망 달걀 파이

재료

- 감자 1개
- 빨간 피망 1/2개
- 노란 피망 1/2개
- 달걀 5개
- 파마산 치즈 가루 2Ts
- 모차렐라 치즈 2Ts
- 올리브 오일 적당량
- 다진 양파 1/4개
- 소금 약간

How-To

1. 감자와 각각의 피망을 작은 주사위 모양으로 자른다.
2. 믹싱 볼에 달걀, 파마산 치즈, 모차렐라 치즈를 넣고 섞는다.
3. 팬에 오일을 두르고 ①의 감자와 피망, 다진 양파를 약불에서 볶는다. 간은 소금으로 한다.
4. ③의 팬에 ②의 달걀물을 붓고 ①의 채소와 함께 익힌다.
5. ④의 달걀을 뒤집어 노릇하게 익힌다.

감자 치즈 오븐 구이

재료

- ☐ 감자 1개
- ☐ 폰탈 치즈 2Ts
- ☐ 크림 치즈 2Ts
- ☐ 체다 치즈 2Ts
- ☐ 버터 1Ts
- ☐ 파슬리 가루 적당량

How-To

1. 감자는 깨끗이 씻은 후 반으로 자른다.

2. 감자를 알루미늄 호일로 감싼 다음 200도로 예열한 오븐에서 40분간 굽는다.

3. 오븐에서 꺼낸 감자는 숟가락을 이용해 속을 파낸다.

4. 감자 속은 포크를 이용해 으깨고 갖가지 치즈 재료와 버터를 넣어 섞는다.

5. ③의 감자 위에 ④의 재료를 올린 다음 파슬리 가루를 뿌린다.

6. ⑤의 감자를 200도로 예열한 오븐에서 5분간 굽는다.

Beef Ragu Potato Roast

소고기 라구 감자 구이

재료

- □ 소고기 100g
  (안심 혹은 등심)
- □ 감자 1개
- □ 다진 양파 1/4개
- □ 다진 마늘 1개
- □ 다진 당근 1/8개
- □ 다진 베이컨 2Ts
- □ 올리브 오일 적당량
- □ 토마토 소스 1컵
- □ 소금 약간
- □ 후추 약간
- □ 월계수 잎 1장
- □ 파슬리 가루 적당량
- □ 모차렐라 치즈 1개

'라구'는 이탈리아어로
'미트 토마토 소스'를
말합니다.

How-To

1 소고기는 실온에 준비하고, 감자는 껍질을 벗긴 후 채칼을 이용해 채를 썬다.

2 팬에 오일을 두르고 채 썬 감자를 넓게 펴 준 다음 앞뒤로 노릇하게 굽는다.

3 다른 팬에 오일을 두르고 소고기와 다진 양파, 마늘, 당근, 베이컨을 볶은 다음 토마토 소스를 넣는다.

4 ③의 팬에 월계수 잎, 파슬리 가루를 넣고 토마토 소스를 약불에서 10분간 끓여 라구 소스를 완성한다. 간은 소금, 후추로 한다.

5 오븐 접시에 ②의 감자를 올리고 그 위에 ④의 소고기 토마토 소스를 올린 다음 모차렐라 치즈로 덮어준다. 마지막으로 200도로 예열한 오븐에서 5분간 굽는다.

감자 생선 벨루타타

재료

- ☐ 흰 살 생선 100g
- ☐ 감자 1/2개
- ☐ 우유 1컵
- ☐ 소금 약간
- ☐ 파슬리 가루 적당량

How-To

1. 생선은 가시를 제거하고 주사위 모양으로 자른다.
2. 감자는 껍질을 벗기고 주사위 모양으로 자른다.
3. 냄비에 우유를 붓고 ①의 생선과 ②의 감자를 넣고 약불에서 익힌다.
4. 감자가 익으면 믹서를 이용해 곱게 간다. 소금으로 간을 한다.
5. 수프 볼에 ④를 담고 파슬리 가루를 뿌려 마무리한다.

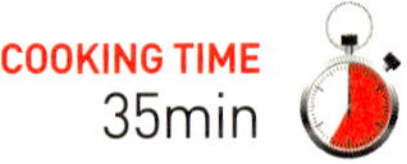

Chicken Mashed Potato

닭 안심 매시드 포테이토

재료

- 닭 안심 5장
- 소금 약간
- 후추 약간
- 생강즙 1/2Ts
- 감자 1개
- 우유 1/2컵
- 버터 1Ts
- 달걀(달걀물) 1개
- 밀가루 적당량
- 빵가루 적당량
- 튀김 오일 적당량

How-To

1 닭 안심에 소금, 후추 생강즙을 뿌리고 10분 정도 냉장고에 보관한다.

2 감자는 껍질을 벗기고 반으로 자른 다음 소금물에 삶는다.

3 ②의 감자가 익으면 포크를 이용해 으깬 다음 우유, 버터를 넣고 약불에서 저어 주면서 감자 매시드를 완성한다.

4 ①의 닭 안심에 달걀물, 밀가루, 빵가루를 묻힌 다음 튀김 오일에 튀긴다.

5 접시에 ③의 매시드 포테이토를 담고 ④의 닭 안심 튀김을 올린다.

치즈 크림 감자 볼

재료

감자 볼(15개 분량)
- 감자 1개
- 고구마 1/2개
- 다진 땅콩 적당량
- 우유 1컵
- 크림 치즈 100g
- 아가베 시럽 1Ts

How-To

1. 감자와 고구마는 반으로 자른 다음 찜기에서 20분간 익힌다.

2. 감자와 고구마 껍질을 벗기고 포크를 이용해 으깬 다음 양 손바닥을 이용해 작은 볼 모양으로 만든다.

3. 다진 땅콩을 ②의 재료에 묻힌 다음 준비된 꼬치에 끼운다.

4. 냄비에 우유와 크림 치즈, 아가베 시럽을 넣고 약불에서 섞는다.

5. 접시에 ④의 치즈 크림을 담고 준비된 ③의 꼬치를 올린다.

매실 불고기 파스타

재료

- 매실(장아찌) 2개
- 불고기(재운) 100g
- 올리브 오일 1Ts
- 토마토 소스 1컵
- 스파게티 80g
- 파마산 치즈 가루 1Ts
- 버터 1Ts

불고기 양념

- 간장 2Ts
- 아가베 시럽 1/2Ts
- 다진 마늘 1개
- 다진 파 1/2Ts
- 참기름 약간
- 후추 약간
- 소금 약간

How-To

1. 매실은 씨를 제거하고 잘게 다진다. 불고기는 양념에 60분 정도 재워 둔다.

2. 재워 둔 불고기는 큼직하게 다진다.

3. 팬에 오일을 두르고 매실, 불고기를 함께 볶는다.

4. ③의 팬에 토마토 소스를 넣고 약불에서 1분간 졸인다.

5. 소금물에 스파게티를 삶아 체에 밭쳐 물기를 뺀다.

6. ④의 소스에 스파게티, 파마산 치즈 가루, 버터를 넣고 약불에서 섞는다.

매실 클럽 샌드위치

재료

- ☐ 매실(장아찌) 2개
- ☐ 마요네즈 2Ts
- ☐ 삶은 달걀 1개
- ☐ 소금 약간
- ☐ 닭 가슴살 1장
- ☐ 베이컨 5장
- ☐ 방울토마토 3개
- ☐ 식빵 3장
- ☐ 로메인 2장

How-To

1. 믹싱 볼에 잘게 다진 매실과 마요네즈을 넣고 잘 섞는다. 달걀은 삶는다.

2. 소금물에 닭 가슴살을 넣고 약불에서 15분간 삶은 다음 먹기 좋은 크기로 손으로 찢는다.

3. 베이컨은 코팅 팬에서 오일 없이 바싹 굽는다. 방울토마토와 삶은 달걀은 얇게 썬다.

4. 코팅 팬에 오일 없이 식빵을 양쪽 면 모두 색이 날 때까지 굽는다.

5. ④의 식빵 한쪽 면에 ①의 마요네즈 소스를 바른 다음 로메인, 베이컨, 방울토마토를 차례로 올리고 구운 식빵을 올린다. 같은 방법으로 로메인, 닭 가슴살, 삶은 달걀을 올리고 마지막으로 식빵으로 덮어 마무리한다. 샌드위치를 먹기 좋은 크기로 자른다.

Korea Cabbage Mille Feuille
배추 밀푀유

'천 겹의 잎사귀'라는 뜻을 가진 밀푀유는 프랑스 스타일의 고급 디저트입니다. 파이를 여러 겹으로 겹쳐 만드는 페스트리로, 아이 식탁의 품격이 달라집니다.

How-To

1 배추는 한 장씩 앞뒤로 밀가루를 묻힌다.

2 팬에 오일을 두르고 밀가루를 묻힌 ①의 배추 잎을 앞뒤로 굽고 식혀 둔다. 이때 키친타올을 이용해 기름기를 제거한다.

3 소고기는 소금, 후추로 밑간을 하고 메추리 알 정도의 크기로 볼을 만든 다음 팬에 오일을 두르고 굽는다.

4 삶은 메추리 알은 반으로 자르고 모차렐라 치즈는 얇게 슬라이스 한다.

5 오븐용(그라탱) 접시 바닥에 토마토 소스 1Ts를 바르고 ②의 배추 잎 으로 덮는다.

6 ⑤의 배추에 다시 토마토 소스 2T를 바르고 ③의 미트볼, ④의 메추 리 알과 모차렐라 치즈를 올린다.

7 다시 한 번 토마토 소스 1Ts를 바르고 배추를 올린 후 ⑥의 방법을 반 복한 다음 마지막에 파마산 치즈 가루를 골고루 뿌려 준다.

8 ⑦을 180도로 예열된 오븐에서 10분간 굽는다.

재료

- 알배추 5장
- 밀가루 적당량
- 올리브 오일 적당량
- 소고기 50g (갈은 안심 혹은 등심)
- 소금 약간
- 후추 약간
- 삶은 메추리 알 5개
- 모차렐라 치즈 1개 (100g)
- 토마토 소스 1컵
- 파마산 치즈 가루 2Ts

2

6

CHEF'S TIP

알배추 잎이 집에 없다면 양배추 잎을 사용해도 좋습니다. 단지 양배추를 사용할 때는 한 번 삶아 숨을 죽인 후 사용하세요.

Deodeok Sweet Potato Puree

더덕 고구마 퓌레

재료

- □ 더덕 1개
- □ 고구마 1개
- □ 우유 2컵
- □ 소금 약간

How-To

1 더덕은 깨끗이 손질한 다음 큼직하게 자른다. 고구마는 삶는다.

2 냄비에 우유를 붓고 더덕과 함께 약불에서 20분간 끓인다.

3 ②의 재료를 믹서에 곱게 간 다음 따뜻하게 냄비에 보관한다.

4 삶은 고구마는 껍질을 벗기고 포크를 이용해 으깬다.

5 ④의 으깬 고구마를 ③의 더덕 크림과 잘 섞는다. 이때 퓌레가 걸쭉하다면 따뜻한 우유를 조금씩 넣어 저어주면서 농도를 맞춘다. 간은 소금으로 한다.

Deodeok Cream Macaroni

더덕 크림 마카로니

재료

- 더덕 2개
- 우유 1컵
- 올리브 오일 적당량
- 다진 양파 1/4개
- 토마토 소스 1컵
- 마카로니 1/2컵
- 파마산 치즈 가루 2Ts
- 버터 1Ts
- 파슬리 가루 적당량

How-To

1. 더덕은 깨끗하게 손질한 다음 큼직하게 자른다.
2. 냄비에 우유를 붓고 약불에서 더덕을 천천히 익힌다.
3. ②의 재료를 믹서에 넣고 곱게 간다.
4. 팬에 오일을 두르고 다진 양파를 볶은 다음 토마토 소스, ③의 더덕 크림을 넣고 약불에서 5분간 끓인다.
5. 소금물에 마카로니를 삶은 다음 체에 밭쳐 물기를 뺀다.
6. ④의 토마토 소스와 ⑤의 마카로니를 약불에서 섞은 다음 불을 끄고 파마산 치즈 가루, 버터를 넣고 섞는다. 마지막으로 파슬리 가루를 뿌려 준다.

더덕 꼬르동 블루

귀한 식재료인 더덕과 담백한 닭 가슴살이 만나
유럽피안 스타일의 요리로 재탄생했답니다.
바삭한 튀김옷을 입혀 튀긴 닭 가슴살 안으로 녹아 든 치즈와
더덕 크림이 만들어 내는 맛의 앙상블을 아이들에게 선물해 보세요.

How-To

1. 더덕은 깨끗하게 손질해 큼직하게 자른다.

2. 냄비에 우유를 붓고 약불에서 더덕을 천천히 익힌다.

3. ②의 재료를 믹서에 곱게 간 다음 따뜻하게 냄비에 보관한다.

4. 닭 가슴살 옆면에 칼집을 깊게 낸다.

5. ④의 닭 가슴살 칼집 안쪽에 모차렐라 치즈와 햄을 넣는다.

6. ⑤의 닭 가슴살을 밀가루, 달걀물, 빵 가루 순서대로 묻힌다.

7. 팬에 오일을 충분히 두르고 약불에서 ⑥의 닭 가슴살이 익을 때까지 굽는다. 이때 닭 가슴살의 겉만 색이 나고 속이 안 익는 경우 180도로 예열된 오븐에서 7분간 구워준다.

8. ⑦의 재료를 적당한 크기로 자른 다음 접시에 담고 ③의 더덕 크림을 뿌려 준다.

재료

- □ 더덕 2개
- □ 우유 1컵
- □ 닭 가슴살 1장
- □ 모차렐라 치즈 1Ts
- □ 슬라이스 햄 1장
- □ 밀가루 적당량
- □ 달걀(달걀물) 1개
- □ 빵 가루 적당량
- □ 올리브 오일 적당량

4

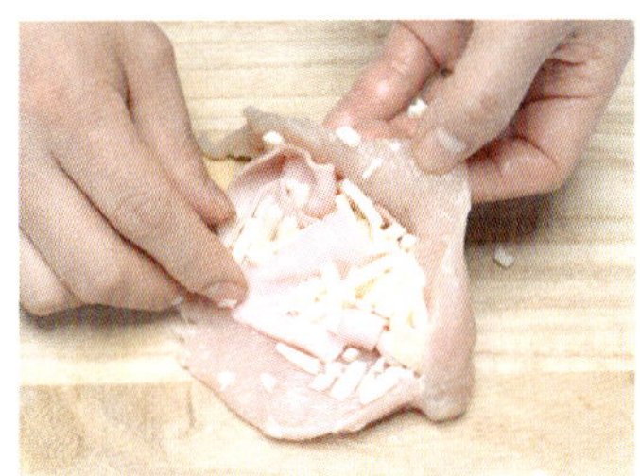

5

고구마 포카치아

재료

- 고구마(중간 크기) 2개
- 부추 30g
- 토마토 1/2개
- 버터 2Ts
- 달걀 노른자 2개
- 건포도 2Ts
  (물에 불린 것)
- 다진 믹스 견과류 5Ts
  (땅콩, 호두, 잣)
- 황설탕 1/2Ts

How-To

1. 고구마는 반으로 자르고 쪄 준다. 건포도는 물에 30분 정도 불린다.

2. 부추는 잘게 다진다. 토마토는 작은 주사위 모양으로 자른다.

3. ①의 고구마는 껍질을 벗기고 포크로 으깬 다음 버터, 달걀 노른자, 건포도, 다진 견과류, ②의 부추와 토마토를 넣고 섞는다. 이때 고구마가 뜨거운 상태에서 요리를 하면 버터가 쉽게 녹아 편하다.

4. ③의 재료를 파이 틀에 넓게 펴서 담고 황설탕을 뿌려 준다.

5. ④를 180도로 예열한 오븐에서 10분간 굽는다.

Sweet Potato Beef Stew

고구마 소고기 스튜

재료

- 소고기(안심) 150g
- 삶은 고구마 1/2개
- 브로콜리 30g
- 다진 양파 1/4개
- 다진 마늘 1개
- 다진 당근 1/8개
- 올리브 오일 적당량
- 토마토 소스 1/2컵
- 채소 육수 1/2컵
  (13페이지 참고)
- 소금 약간

How-To

1. 소고기는 주사위 모양으로 자른다. 삶은 고구마는 껍질을 벗기고 큰 주사위 모양으로 자른다.

2. 브로콜리는 먹기 좋은 크기로 자른 다음 소금물에 살짝 데쳐 준비한다. 양파와 마늘, 당근은 다진다.

3. 냄비에 오일을 두르고 다진 양파, 마늘, 당근, ①의 소고기를 넣어 볶은 다음 토마토 소스를 넣고 다시 볶는다. 간은 취향에 따라 소금으로 한다.

4. ③의 냄비에 ①의 고구마와 ②의 브로콜리를 넣고 약불에서 고기가 익을 때까지 끓인다. 이 때 육수를 조금씩 넣어준다.

밤 파스타 파이

동글동글 가을 간식 밤은 기력을 보충하기에 좋은 식재료입니다.
밤 파스타 파이는 달콤한 밤을 곁들인 스파게티를 패스트리로 감싼 메뉴입니다.
캔디 모양의 패스트리는 아이들의 마음을 잡기에 충분합니다.

How-To

1. 패스트리 파이는 밀대를 이용해 3mm 정도의 두께로 넓게 펴 준다.

2. 밤, 양파, 마늘, 바질은 다져 준비한다. 팬에 오일을 두르고 다진 양파, 마늘을 볶은 다음 토마토 소스를 넣는다.

3. ②의 토마토 소스에 그린 빈, 다진 밤을 넣고 약불에서 5분간 끓인다.

4. 스파게티를 소금물에 삶은 후 체에 밭쳐 물기를 제거한다.

5. 약불에서 스파게티와 ③의 토마토 소스를 버무린 다음 불을 끄고 파마산 치즈, 버터, 다진 바질을 넣고 섞는다.

6. ①의 펴 준 반죽 위에 ⑤의 재료를 올린다.

7. ⑥의 반죽을 캔디 모양으로 접는다.

8. ⑦에 달걀물을 바르고 180도로 예열된 오븐에서 15분간 굽는다.

재료

- 패스트리 파이 1장
- 깐 밤(삶은 것) 3개
- 다진 양파 1/4개
- 다진 마늘 1개
- 다진 바질 2장
- 올리브 오일 적당량
- 토마토 소스 1컵
- 그린 빈 3Ts
- 스파게티 50g
- 파마산 치즈 가루 1Ts
- 버터 1Ts
- 달걀(달걀물) 1개

6

7

Roast Chestnut Soup
군밤 수프

기운이 없어하는 아이에게 군밤 수프만큼 좋은 메뉴도 없습니다.
비타민 C가 풍부한 밤은 감기 예방과 피로 회복에 도움이 됩니다.
특히 한끼 아침 식사로 좋은 메뉴가 군밤 수프입니다.

How-To

1 찹쌀은 10분간 물에 끓인 다음 체에 걸러 물기를 뺀다.

2 밤은 껍질을 깐 것으로 사용하고, 180도로 예열된 오븐에서 10분간 구워 굵직하게 다진다.

3 대파는 흰 부분만 굵지 않게 링으로 자른다.

4 냄비에 오일을 두르고 다진 밤과 대파를 볶은 다음 우유를 붓고 약불에서 20분간 끓인다.

5 ④의 재료를 믹서에 넣고 곱게 갈고 건포도, 다진 땅콩, ①의 찹쌀을 넣고 섞는다.

재료

- 찹쌀(불린) 3Ts
- 깐 밤 10개
- 대파(흰 부분) 1/4개
- 올리브 오일 적당량
- 우유 2컵
- 건포도(불린) 1Ts
- 다진 땅콩 1Ts

CHEF'S TIP

밤은 탄수회물이 많이 함유되어 있기 때문에 너무 많이 먹으면 건강에 좋지 않으니 참고하세요.

한 그릇 뚝딱!
건강한 밥상, 잡곡

아이들에게 꼭 필요한 잡곡! 평소 많이 요리해 주고 계신가요?
흑미와 현미, 검은콩을 가지고 맛과 영양을 살린
이탈리안 가정식 스타일의 요리들을 소개합니다.
영양은 기본, 남다른 스타일의 아이 식탁이 완성됩니다.

Mixed Grains

흑미 크림 치즈 토마토 스터프

방울토마토 안으로 흑미가 쏙 숨어 들어
아이들이 먹는 내내 즐거워하는 메뉴입니다.
찰진 방울토마토의 과육과 쫀득한 흑미의 조화가 일품입니다.

How-To

1 흑미는 하루 전에 미리 찬물에 불려 놓는다.

2 냄비에 ①의 불린 흑미, 우유, 황설탕을 넣고 약불에서 은근히 끓인다. 흑미가 익으면 체에 받쳐 식혀둔다.

3 믹싱 볼에 크림 치즈, 아가베 시럽, 플레인 요거트, ②의 흑미를 넣고 잘 섞는다.

4 방울토마토의 윗부분을 1/3 정도 자른다.

5 ④의 방울토마토의 속을 커피 스푼을 이용해 파낸다. 이때 방울토마토를 뒤집어 파낸 부분의 수분을 제거한다.

6 ⑤의 방울토마토 안쪽을 ③의 재료로 채운다. 짤 주머니를 이용하면 편리하다.

재료

- 흑미 20g
- 우유 1컵
- 황설탕 1Ts
- 크림치즈 5Ts
- 아가베 시럽 1Ts
- 플레인 요거트 2Ts
- 방울토마토 10개

4

5

6

Black Rice Fan-Cake
흑미 팬케이크

노릇하게 구운 팬케이크 위에 주황빛 당근과
보랏빛 흑미가 고운 빛깔을 내는 메뉴입니다. 씹을수록 고소함이
두 배가 되는 흑미 팬케이크로 아이의 식탁을 풍성하게 채워 주세요.

How-To

1 흑미는 조리하기 하루 전에 찬물에 불려 놓는다.

2 당근은 삶아 준비한다.

3 냄비에 불린 흑미, 우유, 황설탕을 넣고 약불에서 흑미를 익힌 다음
   체에 받쳐 식혀둔다.

4 삶은 당근은 작은 주사위 모양으로 자른다.

5 팬 케이크의 반죽 재료인 달걀과 황설탕을 휘퍼로 섞은 다음 베이킹
   파우더를 넣는다.

6 ⑤에 반죽 재료인 우유, 녹인 버터를 넣고 섞다가 체에 친 밀가루를
   조금씩 넣어 저어 주면서 반죽을 완성한다. 이때 버터는 전자레인지
   에서 녹여 사용하면 편리하다.

7 ⑥의 반죽에 ③의 재료와 ④의 삶은 당근을 넣고 섞는다.

8 코팅 팬에 ⑦의 팬 케이크 반죽을 적당히 넣고 앞뒤로 굽는다.

9 접시에 완성된 팬 케이크를 담고 시럽을 뿌려 준다.

재료

- □ 흑미 20g
- □ 삶은 당근 1/2개
- □ 우유 1컵
- □ 황설탕 1Ts
- □ 메이플 시럽 적당량

팬 케이크 반죽

- □ 달걀 2개
- □ 황설탕 1Ts
- □ 베이킹 파우더 6g
- □ 우유 200ml
- □ 버터 25g
- □ 밀가루 125g

CHEF'S TIP

밀가루는 체에 쳐서 입자를 곱게 하고 반죽 재료인 우유와 버터는 요리 전 실온 보관을 합
니다.

흑미 샐러드

흑미와 오이, 당근, 무, 파프리카 피클, 햄을
먹기좋은 크기로 뭉친 주먹밥 스타일의 샐러드입니다.
평소 밥을 잘 먹지 않는 아이들에게 훌륭한 한끼가 되어 줄 겁니다.
특히 주말 피크닉 도시락으로 흑미 샐러드를 추천합니다.

How-To

1 흑미는 조리하기 하루 전에 찬물에 불려 놓는다.

2 냄비에 불린 흑미, 우유, 황설탕을 넣고 약불에서 흑미를 익힌 다음 체에 밭쳐 식혀둔다.

3 오이 피클, 당근 피클, 무 피클, 파프리카 피클과 햄, 치즈는 작은 주사위 모양으로 자른다.

4 달걀은 삶아 노른자와 흰자를 분리한 후 다진다.

5 믹싱 볼에 그린 올리브, 옥수수와 데친 완두콩, 데친 브로콜리, ②의 흑미와 ③,④의 재료를 넣고 섞는다.

6 ⑤의 재료들에 올리브 오일, 소금으로 간을 살짝 하고 먹기 좋게 모양을 만든다.

재료

- 흑미 300g
- 우유 1컵
- 황설탕 1Ts
- 오이 피클 10g
- 당근 피클 10g
- 무 피클 10g
- 파프리카 피클 10g
- 햄 50g
- 에멘탈 치즈 50g
- 삶은 달걀 1개
- 그린 올리브 3개
- 옥수수(캔) 2Ts
- 데친 완두콩 2Ts
- 데친 브로콜리 약간
- 올리브 오일 2Ts
- 소금 약간

Black Rice Egg Scramble

흑미 에그 스크램블

재료

- 흑미 20g
- 우유 1컵
- 황설탕 1Ts
- 달걀 2개
- 휘핑 크림 1/3컵
- 버터 1Ts
- 식빵(토스트 된 것) 1장

How-To

1 흑미는 하루 전에 미리 찬물에 불려 놓는다.

2 냄비에 불린 흑미, 우유, 황설탕을 넣고 약불에서 흑미를 익힌 다음 체에 밭쳐 식혀둔다.

3 믹싱 볼에 달걀 노른자와 흰자를 잘 섞은 다음 휘핑 크림을 넣고 섞는다.

4 팬에 버터를 두르고 ③의 달걀물, ②의 흑미를 넣고 약불에서 계속 저어 가면서 달걀을 익힌다. 이때 달걀을 너무 익히지 않아야 부드러운 스크램블을 완성할 수 있다.

5 토스트 된 식빵을 접시에 담고 ④의 스크램블을 식빵 위에 올린다.

현미 브루스케타

재료

- 삶은 고구마 2개
- 다진 양파 1/4개
- 당근 1/8개
- 애호박 1/8개
- 슬라이스 햄 3개
- 올리브 오일 적당량
- 현미 밥 3Ts
- 모차렐라 치즈 3Ts

How-To

1. 삶은 고구마는 껍질을 벗기고 2cm 정도의 두께로 어슷하게 썬다.
2. 양파는 다지고, 당근, 애호박, 햄은 작은 주사위 모양으로 자른다.
3. 팬에 오일을 두르고 ②의 재료를 볶는다.
4. 믹싱 볼에 현미 밥, 모차렐라 치즈, ③의 재료를 넣고 섞는다.
5. ④의 재료를 ①의 어슷하게 자른 고구마 한쪽 면에 올려준 다음 180도로 예열된 오븐에서 5분간 굽는다.

Black Bean Soup
검은콩 수프

수프는 일반적으로 애피타이저로 즐겨 먹지만
영양 만점 수프는 아이들을 위한 한끼 식사로 충분합니다.
안토시아닌 색소가 풍부한 블랙 푸드의
대표 식재료 검은콩을 가지고 수프를 만들어 주세요.
검은콩이 가진 식물성 지방은 아이들의 성장에 큰 도움이 됩니다.

How-To

1 검은콩은 하루 전날 미리 찬물에 불려 놓는다.

2 냄비에 물을 붓고 불려 놓은 검은콩을 약불에서 30분 정도 삶아 체에 건진다. 이때 물의 양은 콩이 잠길 정도로 한다.

3 냄비에 우유를 붓고 ②의 검은콩을 넣고 약불에서 20분 정도 더 끓인다. 이때 콩을 숟가락으로 꾹꾹 눌러가며 부서질 때까지 익힌다.

4 ③의 재료를 믹서에 곱게 간 다음 따뜻하게 보관한다. 만약 입자가 크다면 체에 걸러 수프를 준비한다.

5 믹싱 볼에 버터, 다진 마늘, 로즈마리, 꿀을 넣고 섞은 다음 식빵 한쪽 면에 바른다.

6 180도로 예열된 오븐에서 ⑤의 식빵을 5분간 구운 다음 작은 주사위 모양으로 자르고 ④의 수프에 올려준다.

 **재료**

- [ ] 검은콩 1/2컵
- [ ] 우유 2컵
- [ ] 실온 버터 1Ts
- [ ] 다진 마늘 1/4개
- [ ] 다진 로즈마리 약간
- [ ] 꿀 1Ts
- [ ] 식빵 1장

아이들에게
꼭 필요한 씨푸드

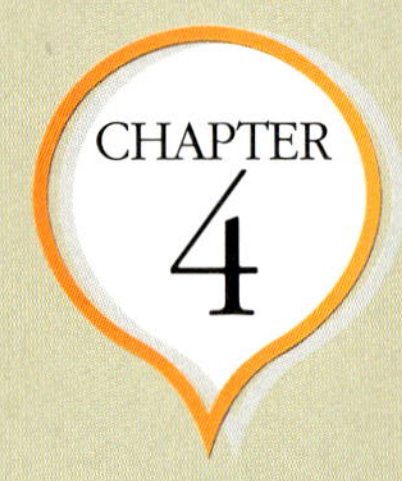

성장기 아이들의 근육과 뼈 발달에 꼭 필요하다는 오메가 3.
오메가 3가 풍부한 다양한 씨푸드를 가지고 이탈리아 푸드에 도전해 보세요.
생선과 오징어, 채소들로 아이 역시 건강 식단을 즐기게 됩니다.

Sea Food

전복 패스트리 파이

바다의 보물 '전복'을 가지고 아이들이 좋아하는
패스트리 파이를 만들어 보았습니다.
갖가지 버섯과 두부로 맛을 더해 바다의 신선한 맛을 더욱 깊게 합니다.
성장기 아이들에게 더할 나위 없이 좋은 간식이 바로
전복 패스트리 파이입니다.

How-To

1 전복은 깨끗하게 손질해 얇게 슬라이스 한다.

2 모든 버섯은 적당한 크기로 자른다. 두부는 으깨고, 양파는 다져 준비한다.

3 팬에 오일을 두르고 ①, ②의 재료와 게 맛살을 넣고 볶는다. 간은 소금으로 한다.

4 패스트리 피를 밀대를 이용해 3mm 두께로 넓게 펴 준 다음 ③의 재료를 올리고 사각 형태로 접는다.

5 달걀 1개로 달걀물을 만들어 ④의 파이 겉에 바른 다음 180도로 예열된 오븐에서 15분간 굽는다.

재료

- [ ] 전복 1개
- [ ] 모듬 버섯 100g
- [ ] 두부 1/4개
- [ ] 다진 양파 1/4개
- [ ] 올리브 오일 적당량
- [ ] 게 맛살 1개
- [ ] 소금 약간
- [ ] 패스트리 피 1장
- [ ] 달걀 1개

3

4

전복 크림 숏 파스타

재료

- 전복(손질된 것) 1개
- 조개 4개
  (중합 / 해감된 것)
- 방울토마토 5개
- 브로콜리 30g
- 올리브 오일 적당량
- 다진 마늘 1개
- 휘핑 크림 1컵
- 파슬리 가루 적당량
- 숏 파스타 50g
  (로텔레)

How-To

1 전복은 얇게 슬라이스 한다. 조개도 깨끗이 씻어 준비한다.

2 방울토마토 4등분하고 브로콜리는 작게 자른다.

3 팬에 오일을 두르고 다진 마늘을 볶은 다음 전복, 조개, 방울토마토, 브로콜리를 넣고 볶는다.

4 ③의 팬에 휘핑 크림을 넣고 뚜껑을 닫고 약불에서 5분간 끓인다. 조개가 입을 벌리면 살과 껍질을 분리해서 살만 사용한다. 파슬리 가루를 뿌린다.

5 파스타를 소금물에 삶는다.

6 ④의 소스와 파스타를 섞은 다음 약불에서 소스 농도가 걸쭉해질 때까지 끓인다.

흰 살 생선 미니 커틀렛

재료

- 흰 살 생선 200g
  (명태 살)
- 새우 살 5개
- 감자 1/4개
- 양파 1/4개
- 당근 1/8개
- 애호박 1/8개
- 소금 약간
- 후추 약간
- 밀가루 적당량
- 달걀물 적당량
- 빵 가루 적당량

유자 드레싱
- 유자청 1Ts
- 마요네즈 1Ts

How-To

1 흰 살 생선, 새우는 푸드 프로세서를 이용해 곱게 다진다.

2 감자, 양파, 당근, 애호박은 작은 주사위 모양으로 자른다.

3 ②의 재료를 소금물에 데친 다음 체에 밭쳐 물기를 빼서 실온에 보관한다.

4 믹싱 볼에 ①의 반죽과 ③의 데친 채소를 섞어 반죽을 완성한다. 소금, 후추로 간을 한다.

5 ④의 생선 반죽을 원이나 네모 혹은 별 모양으로 만든 다음 밀가루, 달걀물, 빵 가루 순으로 묻힌다. 팬에 오일을 충분히 두른 후 반죽을 앞뒤로 노릇하게 굽는다.

6 유자 드레싱 재료를 섞어 커틀렛과 곁들인다.

흰 살 생선 파인애플 스팀

흰 살 생선과 새우 살을 곱게 갈아 파인애플에
갈비 모양으로 끼운 메뉴입니다.
파인애플의 달콤함과 생선의 담백함이 만나
매력적인 아이 요리가 탄생했습니다.

How-To

1 흰 살 생선, 새우는 푸드 프로세서를 이용해 곱게 다진다. 간은 소금
과 후추로 한다.

2 ①의 생선 반죽에 보리 밥을 넣고 섞는다.

3 파인애플은 5cm 길이의 막대 모양으로 자른 다음 수분을 닦아낸다.

4 막대 모양의 파인애플에 ②의 반죽을 입혀 갈비 모양으로 만든다.

5 찜기를 준비하고 ④의 재료를 찜기에서 익힌다.

6 흑임자 드레싱 재료를 모두 섞어 믹서에 넣고 곱게 갈아 ⑤와 곁들
인다.

재료

- □ 흰 살 생선 200g
- □ 새우 살 5개
- □ 소금 약간
- □ 후추 약간
- □ 보리 밥 2Ts
- □ 파인애플 1/4개

흑임자 드레싱
- □ 흑임자 2Ts
- □ 마요네즈 5Ts
- □ 땅콩 2Ts
- □ 꿀 1Ts
- □ 사이다 1/4컵

3

4

생선 스틱

재료

- □ 흰 살 생선 200g
- □ 새우살 5개
- □ 소금 약간
- □ 후추 약간
- □ 다진 잣 1Ts
- □ 다진 건포도 1Ts
  (불린 것)
- □ 바질 잎 2장
- □ 크림 치즈 5Ts
- □ 달걀(달걀물) 2개
- □ 밀가루 적당량
- □ 빵 가루 적당량
- □ 튀김 오일 적당량

흑임자 드레싱
- □ 흑임자 2Ts
- □ 마요네즈 5Ts
- □ 땅콩 2Ts
- □ 꿀 1Ts
- □ 사이다 1/4컵

How-To

1 흰 살 생선, 새우는 푸드 프로세서를 이용해 곱게 다진다. 소금, 후추로 간을 한다.

2 믹싱 볼에 다진 잣, 건포도, 바질, 크림 치즈와 ①의 재료를 넣고 섞는다.

3 ②의 재료를 손바닥이나 짤 주머니를 이용해 적당한 길이의 스틱 모양으로 만든다.

4 ③의 재료에 달걀물, 밀가루, 빵 가루 순으로 묻히고 예열된 튀김 오일에서 튀긴다.

5 흑임자 드레싱 재료를 믹서에 넣고 곱게 갈아 ④와 곁들인다.

Brown Rice Shrimp Doria

현미 새우 도리아

재료

- 현미 밥 1공기
- 새우 살 5개
- 피망 1/4개
- 다진 양파 1/4개
- 다진 마늘 1개
- 올리브 오일 적당량
- 굴 소스 1/2Ts
- 모차렐라 치즈 5Ts
- 바질 잎 2장
- 토마토 소스 2Ts

How-To

1. 현미 밥을 준비한다. 새우, 피망은 작은 주사위 모양으로 자른다. 양파와 마늘은 다진다.

2. 팬에 오일을 두르고 다진 양파, 마늘은 볶은 다음 현미밥, ①의 재료를 넣고 약불에서 볶는다. 이때 간은 굴 소스로 한다.

3. ②의 재료를 오븐 그라탱 접시에 담고, 모차렐라 치즈, 바질, 토마토 소스를 차례로 올린다.

4. 180도로 예열된 오븐에서 ③을 10분간 굽는다.

Shrimp Vegetable Oven Roast

새우 채소 오븐 구이

재료

- 당근 1개
- 브로콜리 30g
- 물 1컵
- 버터 2Ts
- 황설탕 1Ts
- 새우 살 2개
- 방울토마토 2개
- 블랙 올리브 4개
- 빵가루 1Ts
- 멸치 가루 1Ts

How-To

1 당근은 어슷썰기 하고 브로콜리는 큰 주사위 모양으로 자른다.

2 냄비에 물 1컵, 버터, 황설탕, 당근을 넣고 당근이 익을 때까지 약불에서 데친다. 이때 브로콜리도 살짝 데치고, 데친 채소는 체에 밭쳐 수분을 빼고 실온에 보관한다.

3 새우, 방울토마토, 블랙 올리브, ②의 채소를 순서대로 꼬치에 끼운 다음 빵 가루, 멸치 가루를 묻힌다.

4 180도로 예열된 오븐에서 ③의 꼬치를 6분간 굽는다.

클램 차우더

재료

- ☐ 조갯살 1/2컵
- ☐ 게 맛살 1개
- ☐ 당근 1/8개
- ☐ 샐러리 1/2개
- ☐ 감자 1/2개
- ☐ 다진 베이컨 3Ts
- ☐ 다진 양파 1/4개
- ☐ 다진 마늘 1개
- ☐ 올리브 오일 적당량
- ☐ 옥수수(캔) 2Ts
- ☐ 물 1/2컵
- ☐ 버터 3Ts
- ☐ 밀가루 2Ts
- ☐ 우유 1컵
- ☐ 소금 약간

How-To

1 조개는 살로 준비한다. 게 맛살은 손으로 먹기 좋게 찢고, 당근 샐러리, 감자는 작은 주사위 모양으로 자른다. 베이컨, 양파, 마늘은 다져 준비한다.

2 팬에 오일을 두르고 다진 양파, 마늘, 베이컨, ①의 채소 재료를 볶은 다음 옥수수, 조갯살, 물(1/2컵)을 넣고 약불에서 5분간 끓인다.

3 냄비에 버터를 녹인 다음 밀가루를 넣고 약불에서 저어 주면서 볶는다.

4 ③의 냄비에 우유와 ②를 넣고 약불에서 10분간 끓인다. 농도가 걸쭉해질 때까지 끓인다.

5 간은 취향에 따라 소금으로 한다.

게 맛살 스터프 파스타

숏 파스타 꼰낄리에의 특별함이 빛나는 메뉴입니다.
아이들이 좋아하는 게 맛살과
향긋한 열대 과일 망고, 브레인 푸드 호두를
파스타 면에 앙증맞게 담아 아이들에게 영양 만점인
특별식으로 만들어 냈습니다.
아이 생일이나 특별한 날 파티 메뉴로도 좋은 메뉴입니다.

How-To

1 당근, 감자, 샐러리는 작은 주사위 모양으로 자른다.

2 ①의 재료를 소금물에 데친 다음 수분을 빼서 실온에 보관한다.

3 게 맛살은 손으로 찢고 호두와 말린 망고는 다진다.

4 믹싱 볼에 크림 치즈, 아가베 시럽, ②, ③의 재료를 넣고 섞는다.

5 소금물에 파스타를 삶은 다음 체에 밭쳐 물기를 뺀다.

6 짤 주머니를 이용해 ④의 재료를 ⑤의 파스타 속에 채워 넣는다.

 **재료**

□ 당근 1개
□ 감자 1/4개
□ 샐러리 1개
□ 게 맛살 5개
□ 다진 호두 3Ts
□ 말린 망고 2개
□ 크림 치즈 5Ts
□ 아가베 시럽 1Ts
□ 숏 파스타 30g
　 (꼰낄리에)
□ 소금 약간

5

6

크림 소스 오징어 볼

오징어와 부추, 마늘을 잘게 다져
작은 공 모양으로 만들어 크림 소스에 곁들이는 메뉴입니다.
고소한 오징어 볼과 부드러운 크림 소스의 맛이
어우러진 이번 메뉴는 포크로 콕콕 집어 먹는 재미까지 줍니다.

How-To

1 오징어는 푸드 프로세서로 잘게 다진다.

2 부추와 마늘은 잘게 다진다.

3 믹싱 볼에 밀가루 1Ts, 잣, ①, ②의 재료를 넣고 섞은 다음 작은 볼 모
양으로 만든다.

4 ③의 오징어 볼에 밀가루를 골고루 묻힌 다음 팬에 오일을 두른 후
노릇하게 굽는다.

5 다른 팬에 조개를 넣고 휘핑 크림을 부은 다음 뚜껑을 덮고 약불에서
10분간 끓인다. 익힌 조개는 껍질과 살을 분리해야 아이들이 먹기 편
리하다.

6 ⑤의 팬에 ④의 오징어 볼을 넣고 약불에서 1분 정도 끓인다. 파슬리
가루를 뿌려 준다.

 재료

- 오징어(몸통) 1개
- 부추 30g
- 다진 마늘 1개
- 밀가루 3Ts
- 잣 2Ts
- 올리브 오일 적당량
- 조개 5개
  (중합/해감 된 것)
- 휘핑 크림 1컵
- 파슬리 가루 적당량

CHEF'S TIP

오징어 다리, 혹은 문어로 볼을 만들어 크림 소스와 곁들여 보세요.

Tuna Spaghetti

참치 스파게티

캔 참치 하나만 있으면 멋스러운
스파게티에 도전할 수 있습니다.
시중에서 쉽게 구할 수 있는 재료의 눈부신 변신이라고 하겠죠.
여기에 브로콜리를 곁들여
간편하게 영양까지 잡은 스파게티를 만들어 보세요.

How-To

1 참치는 기름기를 빼 준다.

2 양파와 마늘은 다져 준비한다.

3 팬에 오일을 두르고 다진 양파, 마늘을 약불에서 볶는다.

4 ③의 팬에 토마토 소스, ①의 참치를 넣고 약불에서 5분간 끓인다.

5 스파게티를 소금물에 삶는다. 이때 브로콜리도 살짝 데친다.

6 브로콜리와 스파게티를 ④의 소스와 약불에서 섞는다.

재료

- □ 참치(캔) 1/2개
- □ 다진 양파 1/4개
- □ 다진 마늘 1개
- □ 올리브 오일 적당량
- □ 토마토 소스 1컵
- □ 스파게티 50g
- □ 브로콜리 30g
- □ 소금 약간

참치 캔 속 기름이 마음에 걸린다면, 우선 체에 참치만을 걸러 받쳐 둡니다. 물을 끓여 참치에 부어 참치의 나머지 기름기를 제거해 주면 조금 더 담백한 스파게티를 즐길 수 있습니다. 그러나 너무 여러 번 앞의 과정을 반복하게 되면 오히려 참치의 식감과 영양소가 파괴될 수 있으니 참고하세요.

삼치 펜네 숏 파스타

가족 밥 반찬의 임무를 마치고 냉장고에서 잠들어 있는
자투리 삼치 한 토막만 있으면 아이들을 위해
어렵지 않게 파스타를 만들어 줄 수 있습니다.
파스타 너무 어렵게 생각하지 말고 아이들이
잘 먹지 않는 생선으로 지금 바로 도전해 보세요.

How-To

1 삼치는 가시를 제거하고 작은 주사위 모양으로 자른다. 방울토마토
는 반으로 자른다.

2 팬에 오일을 두르고 다진 양파, 마늘을 볶은 다음 ①의 손질해 둔 삼
치, 방울토마토, 블랙 올리브를 넣고 볶는다.

3 ②의 팬에 조개 육수를 붓고 약불에서 5분간 끓인다. 취향에 따라 간
은 소금으로 한다.

4 소금물에 파스타를 삶는다. 브로콜리도 살짝 데친다.

5 브로콜리와 파스타를 ③의 소스와 섞은 다음 수분이 없을 때까지 약
불에서 볶는다.

6 불을 끄고 올리브 오일(1Ts)과 파슬리 가루를 뿌려 섞어 마무리 한다.

 **재료**

- ☐ 삼치 50g
- ☐ 방울토마토 5개
- ☐ 올리브 오일 적당량
- ☐ 다진 양파 1/4개
- ☐ 다진 마늘 1개
- ☐ 블랙 올리브 5개
- ☐ 조개 육수 1/4컵
  (13페이지 참고)
- ☐ 소금 약간
- ☐ 펜네 숏 파스타 50g
- ☐ 브로콜리 30g
- ☐ 파슬리 가루 적당량

CHEF'S TIP

생선을 가지고 파스타를 할 때는 가시를 잘 제거하고 요리를 해야 한다는 점을 명심하세요.
또한 조개 육수가 없다면 물로 대신합니다.

아보카도 연어 그라탱

씨푸드 요리에서 연어가 빠지면 섭섭하겠죠.
오메가 3가 풍부한 연어는 비타민 E도 풍부해
아이들을 위한 식재료로 좋습니다.
고단백 저칼로리 생선인 연어와 영양이 풍부한
열대 과일 아보카도로 그라탱을 만들어 보세요.

How-To

1 깨끗이 손질한 아보카도는 얇게 슬라이스 한다.

2 연어는 작은 주사위 모양으로 자른다.

3 믹싱 볼에 휘핑 크림, 달걀을 넣고 섞은 다음 ①, ②의 재료를 넣고 다시 섞는다. 간은 소금과 후추로 한다.

4 ③의 재료를 그라탱 접시에 담고 모차렐라 치즈를 뿌려 준다.

5 ④를 180도로 예열한 오븐에서 15분간 구운 다음 파슬리 가루를 뿌려 준다.

 재료

- ☐ 아보카도 1/2개
- ☐ 연어 100g
- ☐ 휘핑 크림 1컵
- ☐ 달걀 1개
- ☐ 소금 약간
- ☐ 후추 약간
- ☐ 모차렐라 치즈 2Ts
- ☐ 파슬리 가루 적당량

CHEF'S TIP

연어는 녹황색 채소와 궁합이 잘 맞습니다.
아보카도 대신 아이들이 잘 먹지 않는 녹황색 채소들로 레시피를 활용할 수 있습니다.

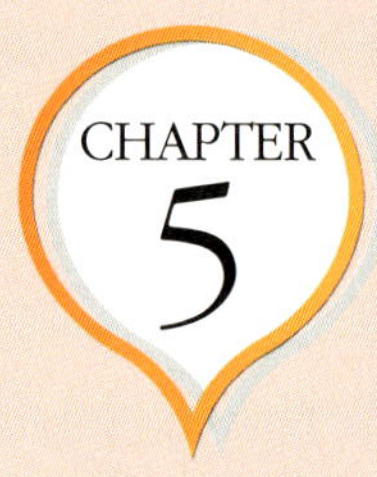

아이들이 꼭 먹어야 하는
스마트 푸드

요리 재료만 잘 선택해도 남다른 감각과 영양을 지닌 요리가 탄생합니다.
이번에 소개할 요리들은 아이들이 평소에 즐겨 먹는 재료들의
특별하고 똑똑한 변신을 담았습니다.
만드는 아빠, 엄마도 흥이 나고, 먹는 아이들도 건강해지는
11가지 스마트 푸드를 소개합니다.

Smart Food

Pomo c

Banana Spring Roll
바나나 스프링롤

달콤한 바나나는 아이들이 좋아하는 과일 중에 하나입니다.
그러나 유독 금세 검게 변해 버리는 바나나 때문에 고민이라면
스프링 롤을 만들어 보세요.
바나나와 사과로 춘권피를 가득 채워 오븐에서 바삭하게 구워내면
아이들이 좋아하는 간식 메뉴가 됩니다.

How-To

1 바나나는 껍질을 벗기고 포크를 이용해 으깬다.

2 사과는 껍질을 벗기고 작은 주사위 모양으로 자른다.

3 믹싱 볼에 건포도, 꿀, 레몬즙, ①, ②의 재료를 넣고 섞는다.

4 춘권피 위에 ③의 재료를 적당히 올려 돌돌 만 다음 끝 부분에 달걀 물을 발라 마무리한다.

5 오븐 접시에 종이 호일을 깔고 완성된 ④의 춘권피를 담은 다음 버터를 겉면 부분에 발라준다. 버터는 전자레인지에서 30초 정도 가열하면 쉽게 녹는다.

6 180도로 예열된 오븐에서 ⑤를 10분간 굽는다.

재료

- 바나나 2개
- 사과 1/2개
- 건포도(불린 것) 3Ts
- 꿀 1Ts
- 레몬즙 1Ts
- 춘권피 5장
  (혹은 만두피)
- 달걀(달걀물) 1개
- 버터(녹인 버터) 2Ts

CHEF'S TIP

사과 대신 파인애플이나 시금치 같은 채소를 가지고 레시피를 활용하면 언제나 질리지 않고 스프링 롤을 즐길 수 있습니다.

Roast Chestnut Banana Soup
군밤 바나나 수프

군밤과 바나나가 만나 주스와 같은
달달한 맛을 내는 수프가 완성되었습니다.
뜨겁게 즐겨도 별미인 수프지만 차갑게 해서
주스와 같이 시원하게 마시게 해도 좋은 메뉴입니다.

How-To

1 바나나는 적당한 두께의 링 모양으로 자른다.

2 깐 밤은 180도로 예열된 오븐에서 10분간 굽는다.

3 ②의 구운 밤은 식혀 잘게 다진다.

4 냄비에 버터를 녹인 다음 밀가루를 넣고 저어주면서 약불에서 볶는다.

5 ④의 냄비에 우유를 붓고 끓여준 다음 자른 바나나를 넣고 약불에서 5분간 더 끓여 수프를 완성한다.

6 ⑤의 수프에 다진 밤과 블루베리를 곁들인다.

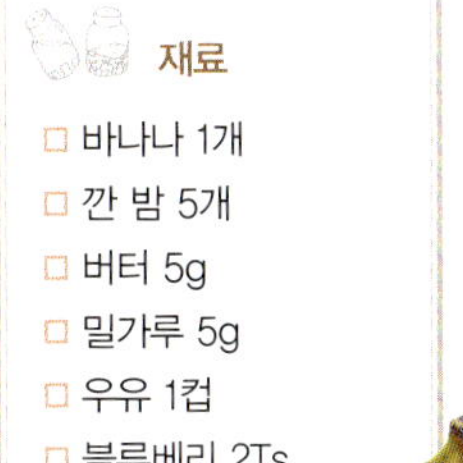

재료

□ 바나나 1개
□ 깐 밤 5개
□ 버터 5g
□ 밀가루 5g
□ 우유 1컵
□ 블루베리 2Ts

김치 리가토니 숏 파스타

아이가 김치를 먹지 않아 고민이십니까?
이런 고민을 해결해 줄 파스타를 소개합니다.
독특한 문양의 리가토니 파스타와 김치가 어우러져
아이들이 거부할 수 없는 멋진 식사가 완성됩니다.

How-To

1 김치는 물에 헹궈 물기를 빼고 잘게 다진다.

2 햄은 작은 주사위 모양으로 자른다. 양파는 다져 준비한다.

3 팬에 오일을 두르고 다진 김치와 양파를 볶은 다음 햄, 베이크 빈을 넣어 다시 볶는다.

4 ③의 팬에 토마토 소스를 넣고 약불에서 5분간 끓인 다음 바질을 넣는다.

5 스파게티를 소금물에 삶은 다음 건져 물기를 빼고 준비된 ④의 소스와 약불에서 섞는다.

6 ⑤의 팬에 불을 끄고 버터를 넣고 잘 섞어 완성한다.

 재료

- □ 김치 30g
- □ 슬라이스 햄 3개
- □ 다진 양파 1/4개
- □ 올리브 오일 적당량
- □ 베이크 빈(캔) 3Ts
- □ 토마토 소스 1컵
- □ 바질 잎 2장
- □ 파스타 50g (리가토니)
- □ 버터 1Ts

CHEF'S TIP

김치의 양념을 잘 털어 낸 다음 헹구고 물기를 꼭 짜서 요리를 해야 깔끔하게 즐길 수 있답니다. 파스타 면의 경우 다양한 면으로 활용이 가능하니 참고하세요.

김치 미니 파니니

이번에는 김치를 가지고 미니 파니니를 만들어 보겠습니다.
아이들에게 좋은 재료인 김치와
생선, 새우 살로 맛을 더한 패티가 아이들의
입맛을 사로 잡을 감각적인 메뉴입니다.

How-To

1 김치는 물에 헹군 다음 물기를 빼고 잘게 다진다.

2 푸드 프로세서를 이용해 생선, 새우 살을 곱게 다진다.

3 믹싱 볼에 ①, ②의 재료를 넣고 섞는다. 기호에 따라 소금과 후추로 간을 한다.

4 ③의 재료를 납작한 작은 원형으로 만들고 팬에 오일을 두르고 앞뒤로 노릇하게 익힌다.

5 모닝 빵을 반으로 자른 다음 마요네즈를 발라준다.

6 ⑤의 모닝 빵 위에 로메인, 방울토마토, ④의 재료를 올려 파니니를 완성한다.

재료

- 김치 30g
- 흰 살 생선 100g
- 새우 살 2개
- 소금 약간
- 후추 약간
- 크림 치즈 1Ts
- 올리브 오일 적당량
- 모닝 빵 2개
- 마요네즈 2Ts
- 로메인 1장
- 방울토마토 2개

CHEF'S TIP

미니 파니니 대신 다양한 빵과 함께 패티를 곁들여 보세요.

Tomato Jam Toast
토마토 잼 토스트

10분만 투자하면 방울토마토의 맛과
건강을 그대로 담은 토마토 잼을 만들 수 있습니다.
평범한 식빵도 스타일리시한 메뉴로 탈바꿈하는 것은
이번 레시피가 주는 마지막 보너스입니다.

How-To

1. 방울토마토는 꼭지를 제거하고 찬물에 깨끗이 씻는다.

2. 냄비에 적당량의 물을 붓고 방울토마토를 끓는 물에서 5분간 삶는다.

3. ②의 방울토마토는 물기를 빼고 믹서에서 곱게 간 다음 체에 거른다.

4. 팬에 ③의 토마토 즙, 황설탕을 넣고 약불에서 농도가 걸쭉해질 때까지 끓인 다음 차갑게 식혀둔다. 이때 소금으로 간을 살짝 하면 당도가 높아진다.

5. 식빵은 달걀물을 묻힌 다음 팬에 오일을 두르고 약불에서 앞뒤로 노릇하게 굽는다.

6. ⑤의 식빵 한쪽 면에 ④의 토마토 잼을 골고루 바른 다음 다른 식빵으로 덮는다.

7. 식빵을 먹기 좋은 크기로 자른다.

재료

- 방울토마토 2컵
- 황설탕 2Ts
- 식빵 2장
- 달걀(달걀물) 2개
- 오일 적당량

CHEF'S
TIP

토마토 잼을 넉넉하게 만들어 냉장 보관을 하면 다양하게 토마토 잼을 즐길 수 있습니다.

Tomato Oven Roast

토마토 오븐 구이

슈퍼푸드 대명사인 토마토를 이용한
정통 이탈리안 가정식을 소개합니다.
토마토 속을 파낸 후 토마토 과육과
소고기, 돼지고기, 쌀, 나물로 속을 채워
치즈를 곁들여 오븐에서 구워낸 토마토 오븐 구이입니다.
맛과 영양을 모두 담은 이번 요리는 특히
아이들에게 좋은 메뉴입니다.

How-To

1 토마토 밑동을 반으로 자른 다음 숟가락을 이용해 속을 파낸다. 이때 파낸 속 재료는 따로 보관한다.

2 참나물을 깨끗이 씻은 후 물기를 빼고 잘게 채 썬다.

3 팬에 오일을 두르고 참나물, 소고기, 돼지고기, 밥, 다진 양파, ①의 토마토 속 재료를 넣고 볶는다. 소금으로 간을 한다.

4 믹싱 볼에 에멘탈 치즈, 모차렐라 치즈, ③의 재료를 넣고 섞는다.

5 ①의 토마토 속을 ④의 재료로 채운다.

6 ⑤를 180도로 예열된 오븐에서 12분간 굽는다.

 **재료**

- 토마토 2개
- 참나물 10g
- 오일 적당량
- 소고기 50g
  (갈은 안심 혹은 등심)
- 돼지고기 50g
  (갈은 안심 혹은 등심)
- 쌀밥 1/2공기
- 다진 양파 1/4개
- 소금 약간
- 에멘탈 치즈 50g
- 모차렐라 치즈 5Ts

허브 닭 안심 크루아상

패스트리 파이로 닭 안심을 돌돌 말아 굽기만 하면
멋스런 프랑스 전통 빵 크루아상 완성입니다.
여기에 유자청으로 맛을 낸 드레싱을 곁들이면
색다른 맛의 영양 간식이 탄생합니다.

How-To

1 닭 안심은 허브(드라이), 소금, 후추, 오일로 버무린 후 냉장에서 2시간 정도 재운다.

2 패스트리 파이는 밀대를 이용해 3mm 정도의 두께로 민다.

3 ②의 파이를 가로 20cm, 세로 5cm 정도의 크기로 자른 다음 ①의 닭 안심을 감싸면서 돌돌 만다.

4 ③의 재료 겉면에 달걀물을 바르고 180도로 예열된 오븐에서 12분간 굽는다.

5 유자 드레싱 재료를 섞어 ④와 곁들인다.

재료

- [ ] 닭 안심 3장
- [ ] 다진 허브 1g
  (로즈마리, 마죠람, 바질)
- [ ] 소금 약간
- [ ] 후추 약간
- [ ] 올리브 오일 1Ts
- [ ] 패스트리 파이 1장
  (스퀘어 파이)
- [ ] 달걀(달걀물) 1개

유자 드레싱
- [ ] 유자청 1Ts
- [ ] 마요네즈 1Ts

①

②

③

Mushroom Balsamic Sauce Filet Mignon
버섯 발사믹 소스
안심 스테이크

이번 메뉴는 알싸한 발사믹 소스의 향이 가득한
안심 스테이크입니다.
아이들에게 특별한 감성 메뉴를 만들어 주고 싶을 때
꼭 추천하고 싶은 메뉴입니다.

How-To

1 버섯은 마른 행주로 깨끗하게 손질하고 슬라이스 한다.

2 팬에 오일을 두르고 버섯을 볶는다. 소금과 후추로 간을 한다.

3 소고기는 주사위 모양으로 자른 다음 다른 팬에 오일을 두르고 볶
는다.

4 구운 소고기에 ②의 버섯을 올려준 다음 발사믹 식초 크림을 뿌려
준다.

 **재료**

- 양송이 버섯 5개
- 올리브 오일 적당량
- 소금 약간
- 후추 약간
- 소고기(안심) 150g
- 발사믹 식초 크림
  1Ts

버섯으로 요리를 할 때는 버섯을 물로 닦기보다 마른 행주로 불순물을 털어주는 정도로 손질해
주세요. 양송이 버섯 대신 다양한 버섯을 곁들여도 일품 스테이크 요리가 완성됩니다.

Mushroom Sweet Potato Pizza
버섯 고구마 피자

삶은 고구마를 으깨 피자 도우를 대신하는 건강 피자입니다.
달콤한 고구마 도우 위에 얹혀지는
방울토마토와 버섯, 토마토 소스, 흑미, 치즈, 바질의
토핑 재료들이 제대로 아이들의 입맛을 사로 잡습니다.

How-To

1 방울토마토는 반으로 자르고 버섯은 먹기 좋은 크기로 찢는다.

2 팬에 오일을 두르고 ①의 버섯을 볶는다. 소금으로 간을 한다.

3 고구마는 껍질을 벗기고 포크를 이용해 으깬다.

4 오븐 접시에 종이 호일을 깔고 으깬 고구마를 넓게 펴 준다.

5 ④의 위에 토마토 소스, 모차렐라 치즈, 흑미, 바질, 반으로 자른 방울
   토마토, 버섯을 올려준다.

6 200도로 예열된 오븐에서 ⑤의 피자를 7분간 굽는다.

재료

- 방울토마토 5개
- 느타리 버섯 50g
- 올리브 오일 적당량
- 소금 약간
- 고구매(익은 것) 1개
- 토마토 소스 1/4컵
- 흑미(익은 것) 2Ts
- 모차렐라 치즈 5Ts
- 바질 잎 2장

CHEF'S TIP 고구마가 너무 달다고 생각된다면 감자를 도우로 이용해 감자 피자로 만들어 보세요.

Mushroom Pig-Rib Cream Spaghetti

버섯 돼지갈비 크림 스파게티

재료

- ☐ 새송이 버섯 1개
- ☐ 돼지갈비(재운) 100g
- ☐ 올리브 오일 적당량
- ☐ 다진 양파 1/4개
- ☐ 다진 마늘 1개
- ☐ 휘핑 크림 1컵
- ☐ 스파게티 90g
- ☐ 파슬리 가루 적당량

How-To

1. 버섯은 작게 슬라이스 한다.

2. 돼지갈비의 살코기 부분을 작은 주사위 모양으로 자른다. 살코기를 발라낸 뼈도 같이 요리 한다.

3. 팬에 올리브 오일을 두르고 다진 양파와 마늘을 볶은 다음 돼지갈비, 버섯을 넣고 볶는다. 이 때 돼지갈비 재운 소스를 1/4컵 정도 넣어 맛을 살린다.

4. ③의 팬에 휘핑 크림을 넣고 약불에서 저어준다.

5. 스파게티를 소금물에 삶는다.

6. ④의 소스와 스파게티를 약불에서 섞은 다음 파슬리 가루를 뿌려 준다.

단호박 프리토

재료

- 달걀 1개
- 소금 약간
- 우유 1/2컵
- 밀가루 50g
- 단호박 1/2개
- 튀김 오일 적당량

파인애플 소스
- 파인애플 1/4개
- 식초 1Ts
- 꿀 1Ts

How-To

1. 달걀은 노른자와 흰자를 분리한다. 이때 흰자에 노른자가 섞이지 않도록 주의한다.

2. 흰자에 소금을 약간 넣어 휘퍼를 이용해 거품을 내서 냉장고에 10분 정도 보관한다. 휘핑 시 전기 거품기를 이용하면 편리하다.

3. 노른자에 우유를 붓고 휘퍼를 이용해 섞은 다음 체에 친 밀가루를 조금씩 넣어 가면서 저어준다.

4. ③의 반죽에 ②의 흰자 거품(머랭)을 넣고 주걱을 이용해 천천히 섞어 튀김 반죽을 완성한다.

5. 단호박을 먹기 좋은 크기로 잘라 ④의 튀김 옷을 입혀 튀긴다.

6. 파인애플 소스 재료를 믹서에 넣고 곱게 갈아 ⑤와 곁들인다.

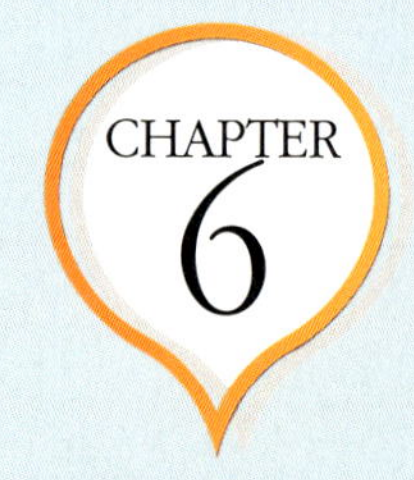

채소와 과일의 영양을
그대로 품은 퓌레

퓌레는 쉽게 말해 수프의 일종입니다.

채소와 과일을 삶아 곱게 걸러서 만든 걸쭉한 음식이죠.
채소나 과일은 한 번 삶아 주면 체내 흡수율이 높아집니다.
아이들에게 다양한 채소와 과일로 퓌레를 만들어 주세요.
아이들이 평소에 안 먹넌 채소와 과일과 금방 친해질 수 있는 노하우입니다.

Purre

토마토

재료

- 토마토 2개
- 물 1컵
- 꿀 2Ts

퓌레 재료로 가장 좋은 채소가 바로 토마토입니다.

이탈리아 사람들은 토마토를 사랑합니다.

우리가 일년 12달 김치를 담고, 겨울에는 김장을 담가 대비하듯,

그들은 토마토로 다양한 소스를 만들어 식생활을 즐깁니다.

토마토가 세계 10대 슈퍼푸드로 알려지고부터

전 세계 사람들의 토마토에 대한 관심은 가히 폭발적입니다.

여름이 제철이긴 하지만 특별한 제약 없이

우리도 어렵지 않게 토마토를 구할 수 있습니다.

이탈리아에서 공부하는 내내 당연히

토마토와 친해질 수 밖에 없었습니다.

셰프가 아닌 한 아이의 아빠로서 토마토를 추천합니다.

아이에게 토마토를 가까이 해 주세요.

그것이 바로 아이 건강의 시작이 될 겁니다.

How-To

1. 토마토는 깨끗이 씻은 후 4등분으로 자른다.

2. 4등분한 토마토를 냄비에 넣고 물을 1컵 채운 다음 약불에서 5분 정도 끓인다.

3. ②의 냄비 물이 1/2컵 정도 남으면 불을 끄고 꿀을 넣어 믹서에서 곱게 간다.

사과

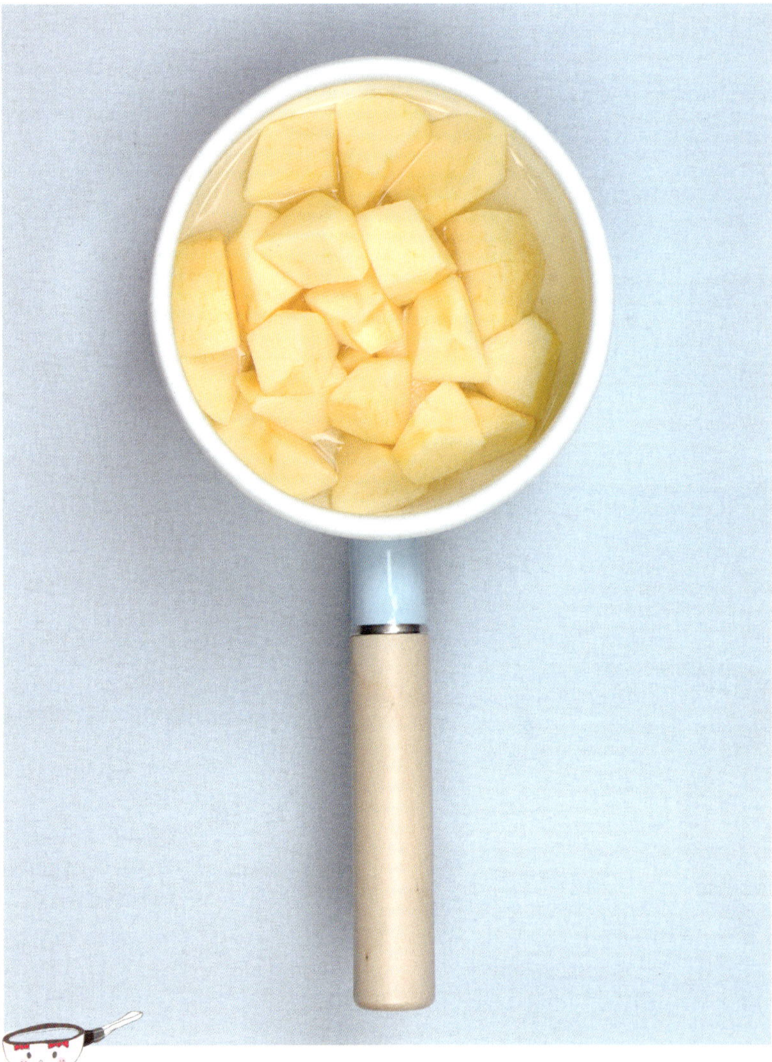

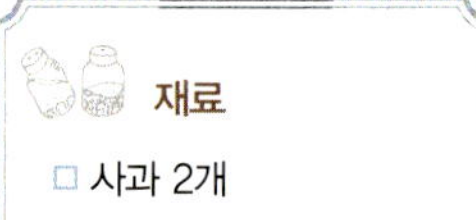

재료

☐ 사과 2개
☐ 물 1컵

How-To

1 사과는 깨끗이 씻어 껍질을 벗긴 다음 6등분하고 씨를 뺀다.

2 씨를 뺀 사과는 큰 주사위 모양으로 잘라 냄비에 넣는다.

3 냄비에 물 1컵을 채운 다음 약불에서 15분 정도 끓인다.

4 냄비의 물이 1/2컵 정도 남으면 익은 사과를 믹서에 넣고 곱게 간다.

배

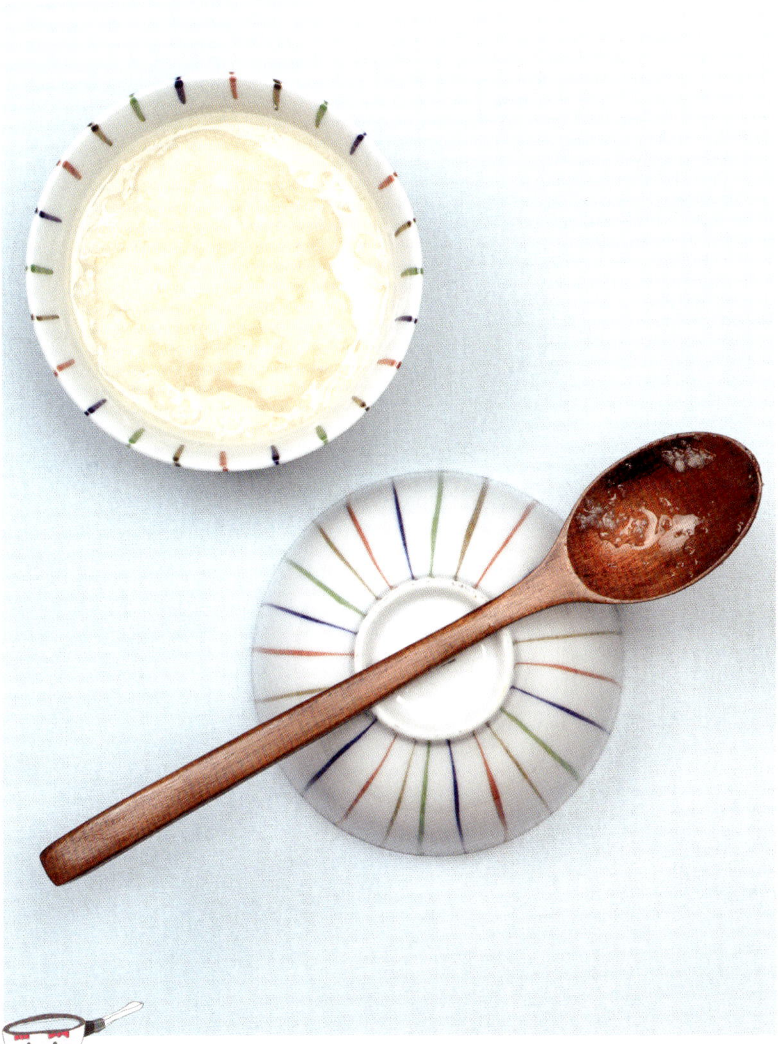

재료

☐ 배 1개
☐ 물 1컵

How-To

1 배는 깨끗이 씻은 후 껍질을 벗기고 작은 주사위 모양으로 자른다.

2 냄비에 자른 배를 넣고 물 1컵을 부은 다음 약불에서 10분 정도 끓인다.

3 냄비의 물이 1/2컵 정도 남으면 믹서에 익은 배를 넣고 곱게 간다.

바나나 & 망고

재료

- □ 바나나 1/2개
- □ 망고 1/2개
- □ 물 1컵

How-To

1 망고는 깨끗이 씻은 후 껍질을 벗기고 과육만 자른다.

2 바나나도 껍질을 벗기고 작은 조각으로 자른다.

3 냄비에 ①의 망고와 ②의 바나나를 넣고 물 1컵을 부은 다음 약불에서 10분 정도 끓인다.

4 냄비의 물이 1/2컵 정도 남으면 익은 과육들을 믹서를 이용해 곱게 간다.

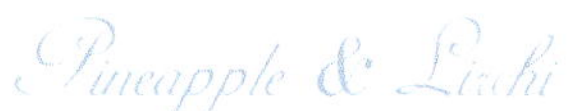

Pineapple & Litchi

파인애플 & 리치

COOKING TIME
10min

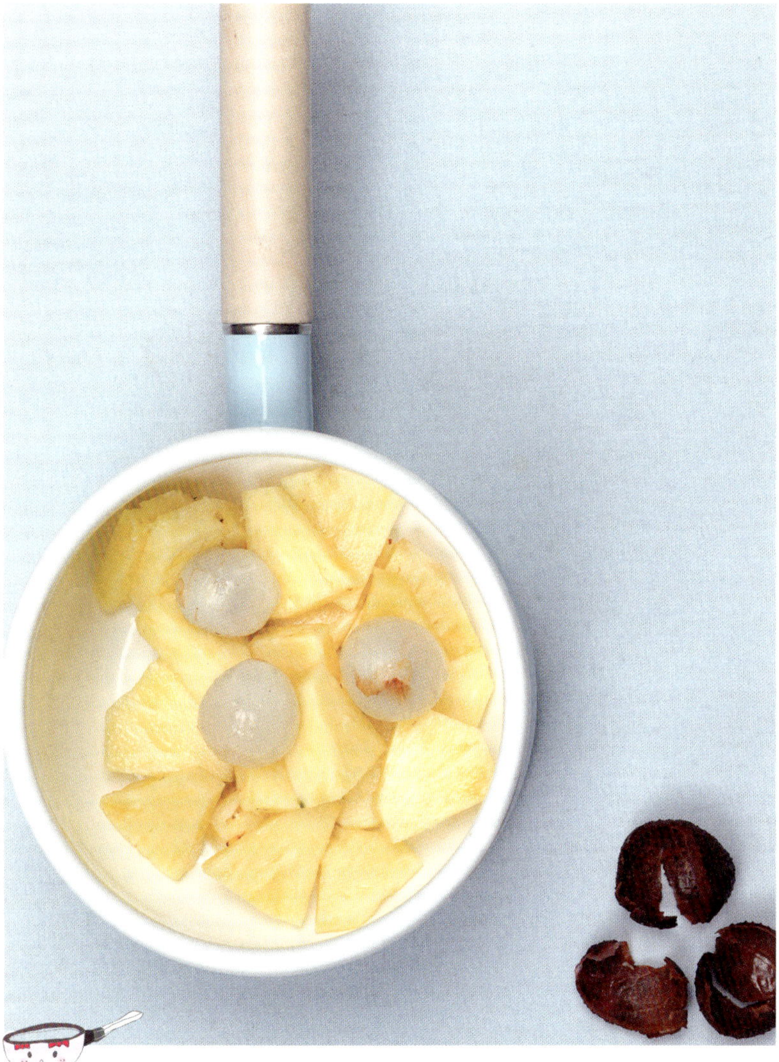

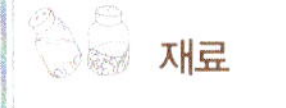

재료

- 파인애플 1/4개
- 리치 5개
- 물 1컵

How-To

1 파인애플은 껍질을 벗긴 후 작은 주사위 모양으로 자른다.

2 리치는 껍질을 벗긴 후 가운데 씨를 뺀다.

3 냄비에 ①의 파인애플과 ②의 리치를 넣고 물 1컵을 부은 다음 약불에서 10분간 끓인다.

4 냄비의 물이 1/2컵 정도 남으면 과육들을 믹서에 넣고 곱게 간다.

건강한 이탈리아의 맛
피자

이탈리안들에게 피자와 파스타란,
우리에게 밥 한 그릇과 같은 존재입니다.
기름기가 듬뿍 묻어나는 피자가 떠오르십니까?
장수의 나라로 손꼽히는 이탈리아의 피자는 도우를 얇게 만들어
토핑 재료를 간단하게 올린 건강 피자가 많습니다.
이제부터 아빠, 엄마의 정성이 가득 담긴 건강 피자를 만들어
제대로 된 건강한 이탈리아의 맛을 아이에게 선물해 주세요.

피자 반죽

피자 반죽 물론 어렵습니다.
하지만 한 번 도전해 보면 생각보다 어렵지 않게
아이를 위한 건강 피자 만들기가 가능합니다.
이번 기회에 피자 반죽에 도전해 보세요.

재료

- ☐ 생 이스트 8g
  (베이킹 파우더 4g)
- ☐ 물 250ml
  (미지근한 물)
- ☐ 소금 1Ts
- ☐ 밀가루 400g
  (중력분)
- ☐ 황설탕 1Ts
- ☐ 올리브 오일 3Ts

How-To

1. 이스트를 물 200ℓ와 섞는다. 소금은 나머지 물 50㎖와 섞는다. 이스트를 섞은 물을 밀가루에 조금씩 넣어주면서 손으로 계속 저어준다.

2. ①의 반죽에 소금물, 황설탕, 올리브 오일을 넣어 주면서 반죽 표면이 매끄러워질 때까지 반죽한다.

3. ③의 완성된 반죽을 젖은 수건으로 덮어준 다음 실온(25도)에서 1시간 정도 1차 발효 시킨다.

4. 1차 발효가 끝난 반죽을 250g 정도의 공 모양으로 만든다. 이렇게 만든 반죽에 젖은 수건을 다시 덮고 2시간 정도 실온(25도)에서 2차 발효를 시켜주면 피자 반죽이 완성된다.

1
2
3
4

마르게리타

이탈리아의 기본 피자라는 타이틀이 붙은 마르게리타입니다.
피자 도우 위에 토마토 소스, 바질, 모차렐라 치즈만으로 맛을 낸
피자로 담백하게 즐길 수 있습니다.
이제는 집에서 아이들을 위한 홈메이드 마르게리타를 만들어 주세요.

How-To

1 밀가루를 조리대 바닥에 듬뿍 뿌린 다음 발효가 끝난 피자 도우를 밀대 혹은 양 손바닥을 이용해 원형으로 넓게 펴 준다.

2 ①의 피자 도우에서 밀가루를 털어내고 피자 틀에 반죽을 담는다.

3 숟가락을 이용해 분량의 토마토 소스를 발라주고 모차렐라 치즈를 골고루 뿌려 준 다음 다진 바질, 올리브 오일, 파마산 치즈 가루를 뿌려 마무리한다.

4 200도로 예열된 오븐에서 8분간 ③의 피자를 굽는다.

재료

- □ 피자 반죽(250g) 1개
- □ 토마토 소스 1/2컵
- □ 모차렐라 치즈 1컵
- □ 다진 바질 3장
- □ 올리브 오일 1Ts
- □ 파마산 치즈 가루 2Ts

CHEF'S TIP

피자 반죽이 어렵다면 토르티야를 활용해 피자를 만들어 보세요. 처음부터 무리를 하면 아예 포기를 해 버리는 경우가 많습니다. 차츰 자신감이 생기면 피자 반죽 만들기에 도전해 보는 것도 방법입니다.

미니 피자

취향에 따라 다양한 토핑 재료를 올려 한번에 즐길 수 있는
귀요미 미니 피자입니다.
한 손으로 들고 가볍게 즐길 수 있는 미니 피자는
아이들에게 사랑을 듬뿍 받을 수 있는 아이템입니다.

How-To

1 밀가루를 조리대 바닥에 듬뿍 뿌린 다음 발효가 끝난 피자 도우를 밀대 혹은 양 손바닥을 이용해 원형으로 넓게 펴 준다.

2 믹싱 볼에 토마토 소스, 올리브 오일(1/4컵), 다진 바질을 넣고 섞는다.

3 다른 믹싱 볼에 올리브 오일(1/4컵), 다진 로즈메리와 마늘을 넣고 잘 섞는다.

4 ①의 도우를 작은 원형틀이나 밥 그릇을 이용해 여러 장으로 찍어낸다.

5 ④의 도우 중 반의 분량의 피자에는 ②의 재료를 발라준 다음 모차렐라 치즈, 파마산 치즈를 뿌려 준다.

6 나머지 반의 도우에는 ③의 재료를 발라준 다음 모차렐라 치즈와 파마산 치즈를 뿌려 준다.

7 ⑤, ⑥의 재료를 오븐 접시에 담고 180도로 예열된 오븐에서 8분간 굽는다.

재료

□ 피자 반죽(500g) 2개
□ 토마토 소스 1/2컵
□ 올리브 오일 1/2컵
□ 다진 바질 5장
□ 다진 로즈마리 약간
□ 다진 마늘 1개
□ 모차렐라 치즈 1/2컵
□ 파마산 치즈 가루 1/2컵

CHEF'S TIP

아직 피자 반죽이 어렵다면, 미니 피자는 이렇게 만들어 보세요. 식빵을 밥 그릇이나 원형틀로 동글게 찍어내서 도우로 사용해도 좋습니다.

Panzerotti

판체로티

피자를 만두처럼 만들어 즐기는 반달 모양의 피자 판체로티.
특별한 모양과 맛을 지닌 판체로티를 집에서 즐겨 보세요.
고소한 피자 도우 사이에서 흘러내리는 치즈와
토마토 소스, 바질의 맛과 향이 일품입니다.

How-To

1 밀가루를 조리대 바닥에 듬뿍 뿌린 다음 발효가 끝난 피자 도우를 밀
대 혹은 양 손바닥을 이용해 0.5cm 정도 두께의 타원형으로 펴 준다.

2 믹싱 볼에 토마토 소스, 모차렐라 치즈, 파마산 치즈, 다진 바질을 넣
고 섞는다.

3 ①의 피자 도우 한쪽 면에 ②의 재료를 넣고 반으로 접는다. 접힌 도
우 반죽이 서로 맞닿은 부분을 포크로 눌러 접착한다.

4 ③의 도우를 예열된 튀김 오일에 넣고 겉이 노릇해질 때까지 중불에
서 튀긴다.

5 종이 타올을 이용해 기름기를 제거한다.

재료

- 피자 도우 2장
  (각각 80g)
- 토마토 소스 1/2컵
- 모차렐라 치즈 1컵
- 파마산 치즈 가루
  1/2컵
- 바질 잎 3장
- 튀김 오일 적당량

③

피자 반죽을 너무 크게 만들면 판체로티를 튀길 때 위험합니다. 튀김 팬 사이즈에 맞게 피자 반
죽을 만들어 주세요.

4가지 맛 피자

시중에서도 다양한 토핑을 올린 피자가 이미 인기입니다.
집에서도 아이 입맛에 맞게, 아이가 잘 먹지 않는 재료들을 활용해서
다양한 맛의 피자를 한번에 만들 수 있습니다.
맛도 영양도 4배인 피자를 소개합니다.

How-To

1 밀가루를 조리대 바닥에 듬뿍 뿌린 다음 발효가 끝난 피자 도우를 밀대나 양 손바닥을 이용해 넓게 펴 준다.

2 ①의 도우에서 밀가루를 털어내고 오븐 틀에 반죽을 올린다.

3 여분의 피자 도우를 고무줄처럼 길게 만들어 피자 도우 위에 올려 4등분으로 칸을 나눈다.

4 4등분으로 나눈 피자 도우 위에 4가지 맛의 토핑 재료들을 취향껏 골고루 올린다.

5 200도로 예열된 오븐에서 피자를 8분간 굽는다.

재료

□ 피자 도우(500g) 1개

❶
□ 토마토 소스 1Ts
□ 모차렐라 치즈 2Ts
□ 파마산 치즈 가루 1Ts
□ 바질 잎 약간

❷
□ 모차렐라 치즈 2Ts
□ 시금치(데친 것) 50g
□ 슬라이스 햄 2장
□ 모차렐라 치즈 2Ts

❸
□ 새우 살 3개
□ 삶은 고구마 1/2개
□ 파인애플 50g
□ 모차렐라 치즈 2Ts
□ 바질 잎 약간

❹
□ 토마토 소스 1Ts
□ 닭 안심 1장
□ 다진 베이컨 1Ts
□ 모차렐라 치즈 2Ts

CHEF'S TIP

피자 토핑은 취향에 따라 다양하게 활용 가능합니다.

먹을수록 탐나는
건강 디저트

디저트 하나도 제대로, 건강하게
먹이고 싶은 게 부모의 마음입니다.
이번에는 어느 자리에 내놓아도 부끄럽지 않고 당당한
홈메이드 디저트 10가지를 소개합니다.

Dessert

레몬 에이드

아이들에게는 아이들의 건강과
입맛을 책임질 건강 음료가 꼭 필요합니다.
탄산 음료에 길들여져 있는 아이들을 위한 간단하지만
건강한 레몬 에이드를 소개합니다.

How-To

1 레몬은 깨끗이 씻은 후 반으로 자른다.

2 레몬 반 개는 즙을 짜 주고 나머지 반 개는 슬라이스 한다.

3 컵에 탄산수, 아가베 시럽, ②의 레몬 즙을 넣고 잘 섞은 다음 레몬 슬
라이스로 장식한다.

재료

- □ 레몬 1개
- □ 탄산수 1컵
- □ 아가베 시럽 2Ts

CHEF'S TIP

비타민 C의 결정체로 알고 있는 레몬은 아이들의 감기 예방에 좋은 과일입니다. 특히 피부 건
강에도 좋은 식재료이니만큼 주방에 가까이 두면 활용도가 높습니다. 그러나 너무 과다하게 섭
취하는 것도 좋지 않으니, 꼭 유의하세요.

Yogurt Fruit Juice

요거트 과일 주스

아이들에겐 먹는 것도 마시는 것도 참으로 중요합니다.
아이들이 좋아하는 과일의 맛과 영양을 제대로 담은
건강 주스를 만들어 주세요.
아이들의 웃음 소리가 주방을 가득 채울 겁니다.

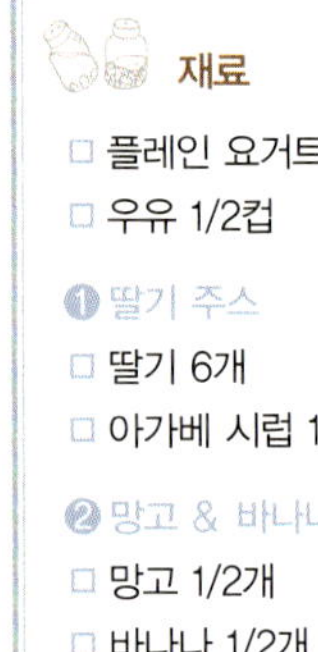

재료

- [ ] 플레인 요거트 1/4컵
- [ ] 우유 1/2컵

❶ 딸기 주스
- [ ] 딸기 6개
- [ ] 아가베 시럽 1Ts

❷ 망고 & 바나나 주스
- [ ] 망고 1/2개
- [ ] 바나나 1/2개

❸ 블루베리 & 라즈베리 주스
- [ ] 블루베리 2Ts
- [ ] 라즈베리 2Ts
- [ ] 아가베 시럽 1Ts

❹ 복숭아 주스
- [ ] 복숭아 1개
- [ ] 아가베 시럽 1Ts

How-To

1. 믹서에 요거트, 우유와 4가지 과일을 취향에 따라 선택해 넣는다.

2. ①의 재료를 곱게 간다.

3. 만약 ②의 농도가 질다 싶으면 우유를 조금 더 넣는다.

과일의 당도에 따라 레시피에 적힌 분량의 아가베 시럽의 양은 가감해 주세요.

Apple Oven Roast
사과 오븐 구이

붉은 빛깔의 사과 위로 달콤한 소보로가 소복하게 담긴
사과 오븐 구이를 소개합니다.
오븐에서 구워 더욱 아삭해진 사과를
더욱 달콤하게 즐길 수 있는 디저트 메뉴입니다.

How-To

1 사과는 깨끗이 씻은 후 반으로 자른다.

2 믹싱 볼에 땅콩 잼, 버터, 밀가루, 꿀을 넣는다.

3 ②의 재료를 양 손바닥으로 문질러 소보로 반죽을 완성한다.

4 ①의 사과를 오븐 접시 바닥에 깔고 ③의 소보로 반죽(1/3)을 사과 위
에 골고루 뿌린다.

5 160도로 예열된 오븐에서 ④를 15분간 굽는다.

재료

☐ 사과 1개
☐ 땅콩 잼 1Ts
☐ 실온 버터 2Ts
☐ 밀가루 5Ts
☐ 꿀 1Ts

CHEF'S TIP

사과의 당도에 따라 꿀의 양은 가감해 주세요.

과일 프라페 아이스 바

아이스크림을 싫어하는 아이들은 아마 없을 겁니다.
이래저래 나가서 먹게 되는 아이스크림이 염려된다면
오늘 당장 홈메이드 아이스 바에 도전해 보세요.
간단하게 만들 수 있는 아이스 바 덕분에
아이들에게 일등 아빠, 엄마가 될 겁니다.

How-To

1 오렌지는 반으로 자른 다음 즙을 짜 준다.

2 바나나와 망고는 껍질을 벗기고 작은 조각으로 자른다.

3 믹서에 오렌지 즙, 바나나와 망고, 요거트, 아가베 시럽을 넣고 곱게
  간다. 이때 만약 농도가 질다면 오렌지 주스를 조금 넣어준다.

4 ③의 재료를 아이스 바 틀에 붓고 냉동 보관한다.

 재료

□ 오렌지 2개
□ 바나나 1/2개
□ 망고 1/2개
□ 플레인 요거트 2Ts
□ 아가베 시럽 1Ts

CHEF'S TIP 가족과 아이들의 취향에 따라 다양한 과일들로 레시피를 활용할 수 있습니다.

케이크 팝스

카스텔라 빵과 살구 잼만 있으면 동글동글 보기만 해도
앙증맞은 케이크 팝스가 완성됩니다.
한입 크기의 케이크 팝스는 선물용으로 센스 넘치는
디저트 아이템입니다.

How-To

1 카스텔라 빵을 믹싱 볼에 넣고 손으로 부순 다음 살구 잼을 넣어 골고루 섞는다.

2 ①의 재료를 사탕 정도의 크기로 동그랗게 만든다.

3 ②의 재료를 냉동실에 1시간 정도 보관한다.

4 밀크 초콜릿과 화이트 초콜릿은 중탕으로(혹은 전자레인지) 녹인다.

5 ③의 재료에 녹여 놓은 ④의 초콜릿을 입히고 장식 재료를 묻혀 마무리한다.

 재료

- 카스텔라 빵 2개
- 살구 잼 4Ts
- 밀크 초콜릿 100g
- 화이트 초콜릿 100g

장식 재료
- 레인보우 적당량
- 다진 견과류 적당량
- 코코넛 가루 적당량
- 카카오 가루 적당량

CHEF'S TIP 케이크 팝스를 장식할 재료들은 아이들의 취향에 따라 다양한 재료들로 활용이 가능합니다.

Banana Sprit
바나나 스프리트

평범한 바나나의 색다른 변신을 기대해 주세요.
길게 자른 바나나 사이로 젤라토를 올리고
체리나 민트로 장식하면 멋스런 디저트 메뉴가 완성됩니다.

How-To

1 바나나는 길게 반으로 자른다.

2 자른 바나나를 스프리트 접시에 포개어 놓는다.

3 ②의 바나나에 젤라토를 각각 1coop(1＋1/2Ts)씩 올린다.

4 ③의 젤라토를 체리, 민트 잎으로 장식하고 취향에 맞게 토핑을 뿌려
  준다.

 **재료**

- □ 바나나 1개
- □ 젤라토 1coop 3Ts
  (3가지 맛)
- □ 체리 장식 3개
- □ 민트 잎 적당량
- □ 초콜릿 토핑 적당량
- □ 딸기 토핑 적당량

CHEF'S TIP

스프리트 접시는 바나나 1개 정도가 들어가는 길쭉한 모양이 특징입니다.
레시피에 적힌 쿠프(Coop)는 아이스크림 전용 스푼 기준입니다.
일반 숟가락 기준으로 1쿠프는 1+1/2Ts입니다.

Blueberry Jelly
블루베리 젤리

쫀득하고 향긋해 아이들이 좋아하는
블루베리 젤리를 집에서 만들어 보세요.
홈메이드 아이 간식으로 좋은 메뉴입니다.

How-To

1 젤라틴은 차가운 물에 10분간 불려 놓은 다음 손으로 짜서 물기를 빼 준다.

2 팬에 블루베리, 물, 아가베 시럽을 넣고 약불에서 10분간 끓인다.

3 ②의 팬에 불을 끄고 ①의 젤라틴을 넣고 저어준다.

4 ③을 굳힐 실리콘 용기에 부어 식힌 다음 냉장고에서 2시간 정도 차 갑게 한다.

재료
- □ 젤라틴 2장
- □ 블루베리(냉동) 1컵
- □ 물 1/2컵
- □ 아가베 시럽 2Ts

CHEF'S TIP

블루베리 재료 대신 포도, 딸기 등의 과일로 다양하게 젤리를 만들 수 있습니다.

Chiacchiere
끼아끼에레

이탈리아어로 "수다 떨다"라는 뜻의 끼아끼에레는
카니발 축제 때 즐겨 먹는 디저트 과자입니다.
밀가루 반죽을 직사각형이나 마름모꼴로 만들어 튀겨
커스터드 크림과 곁들이는 이 메뉴는
아이 간식으로 좋습니다.

How-To

1 믹싱 볼에 커스터드 크림 재료인 황설탕(15g), 달걀 노른자를 휘퍼로 거품을 내주다가 밀가루를 넣고 저어준다.

2 냄비에 황설탕(15g), 우유, 바닐라 빈을 넣고 한 번 끓여준다.

3 ①의 반죽에 ②의 우유를 조금씩 넣어주면서 휘퍼로 천천히 저어준다.

4 ③을 다시 냄비에 옮겨 담고 약불에서 끓여준다. 이때 만약 기포가 생긴다면 체에 밭쳐 냄비에 옮겨 담아야 한다. 냄비의 재료들을 약불에서 끓이면서 천천히 저어주다가 끓는 기포가 한 번 올라오면 불을 끄고 계속 저어 주면서 차갑게 식힌다. 마지막으로 생크림을 휘핑한 후 식힌 크림에 천천히 넣어주면서 섞으면 커스터드 크림 완성.

5 반죽 만들기_믹싱 볼에 체에 친 밀가루, 달걀, 버터, 황설탕(1Ts)을 넣고 반죽한다.

6 ⑤의 반죽을 랩으로 덮은 다음 냉장고에서 1시간 정도 보관한다.

7 조리대 바닥에 밀가루를 뿌린 다음 ⑥의 반죽을 밀대로 2mm 정도의 두께로 넓게 펴 준다.

8 ⑦의 반죽을 칼이나 롤러를 이용해 직사각형의 마름모꼴 모양으로 자른다.

9 ⑧의 재료를 예열된 튀김 오일에 색이 날 때까지 튀기고 키친타올을 이용해 기름기를 제거해 준 다음 슈가 파우더를 뿌려 완성한다. 완성된 끼아끼에레를 ④의 커스터드 크림과 곁들인다.

재료

커스터드 크림
- ☐ 황설탕 30g
- ☐ 달걀 노른자 1개
- ☐ 밀가루 10g
- ☐ 우유 125g
- ☐ 바닐라 빈 1/2개
  (혹은 에센스 약간)
- ☐ 생크림 100g

- ☐ 밀가루 100g
- ☐ 달걀 1개
- ☐ 버터 1Ts
- ☐ 황설탕 1Ts
- ☐ 슈가 파우더 적당량
- ☐ 튀김 오일 적당량
- ☐ 커스터드 크림
  적당량

Chocolate Salami
초콜릿 살라미

초콜릿 살라미는 크래커와 초콜릿을 섞어
간단하게 만들 수 있는 디저트입니다.
고소한 크래커와 달콤한 초콜릿의 조화에
자꾸만 손이 가는 간식입니다.

How-To

1 크래커는 봉지에 넣고 굵직하게 부순다.

2 믹싱 볼에 버터, 아가베 시럽을 넣고 휘퍼를 이용해 섞어준다.

3 ②의 재료에 달걀, 코코아 파우더를 넣고 휘퍼로 섞는다.

4 ③의 재료에 ①의 크래커를 넣고 주걱을 이용해 잘 섞는다.

5 알루미늄 호일을 넓게 펴 준 다음 ④의 재료를 올리고 살라미 모양으로 돌돌 만다.

6 ⑤의 재료를 1시간 정도 보관한 다음 호일을 벗기고 적당한 두께로 자른다.

□ 크래커(제크) 100g
□ 실온 버터 50g
□ 아가베 시럽 2Ts
□ 달걀 1개
□ 코코아 파우더 25g

④

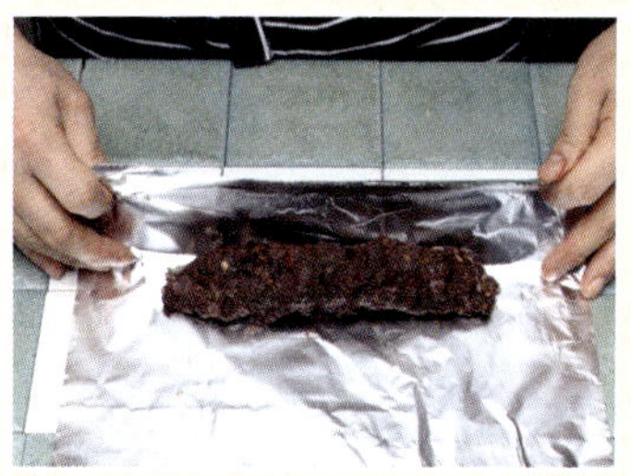

⑤

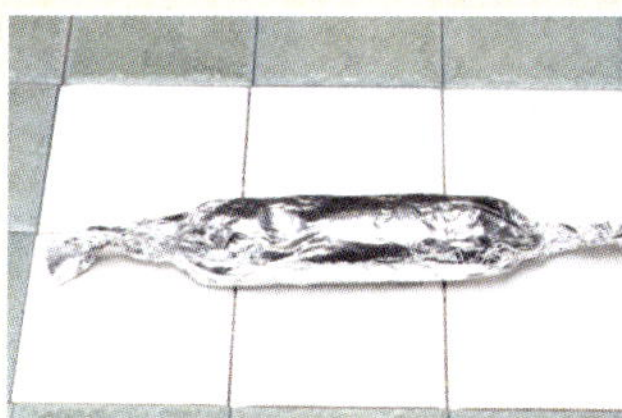

⑥

롤 케이크

롤케이크 사이사이에 자리한 딸기의 상큼함에
금세 반하게 되는 디저트 메뉴입니다.
부드러운 생크림과 과일의 향에 취해
몸과 마음이 힐링되는 맛입니다.

How-To

1. 믹싱 볼에 달걀, 황설탕을 넣고 휘퍼를 이용해 크림 농도가 될 때까지 저어준다. 전기 거품기를 이용하면 편리하다.

2. ①의 믹싱 볼에 체에 거른 밀가루를 넣고 주걱을 이용해 천천히 섞어 케이크 반죽을 완성한다.

3. 빵 틀에 오븐 종이를 깔고 ②의 완성된 반죽을 넓게 펴서 부어준다.

4. 180도로 예열된 오븐에서 ③의 반죽을 10분간 구운 다음 실온에서 차갑게 식힌다.

5. 생크림에 황설탕 1Ts을 넣고 휘퍼를 이용해 거품을 올린다. 이때 전기 거품기를 이용하면 편리하다.

6. 딸기는 깨끗이 씻은 후 꼭지를 제거하고 슬라이스 한다.

7. ④의 재료에 ⑤의 생크림을 넓게 펴서 바른다.

8. ⑦의 생크림 위에 슬라이스 한 딸기를 올린 다음 돌돌 말아준다.

9. ⑧의 케이크를 적당한 두께로 자른 다음 접시에 올리고 취향에 따라 바나나, 커스터드 크림, 초콜릿 토핑을 이용해 장식한다.

 **재료**

- 달걀 4개
- 황설탕 90g
- 밀가루 70g

- 생크림 200g
- 황설탕 1Ts
- 딸기 10개(200g)

장식 재료
- 바나나 적당량
- 커스터드 크림 적당량
- 초콜릿 토핑 시럽 적당량

7

8

먹을수록 더 건강해지는
내 아이를 위한 이탈리아 가정식

초판 1쇄 인쇄 2015년 1월 25일
초판 1쇄 발행 2015년 1월 30일

지은이 • 박인규
포토그래퍼 • FOOD YUN 윤세한
모델 • 백서윤
그릇 • 모리다인 1688-3016 www.moridain.com

펴낸 곳 • 지식인하우스
펴낸이 • 안종남
출판등록 • 2011년 3월 31일 제 2011-000058호
주소 • 121-904 서울시 마포구 월드컵북로400(상암동) 문화콘텐츠센터 5층 5호
전화 • 02)6082-1070   팩스 • 02)6082-1035
전자우편 • jsinbook@naver.com
블로그 • blog.naver.com/jsinbook

ISBN 979-11-85959-05-4 13590
값 13,500원
ⓒ 박인규, 2015

사람과 지식을 연결하는 **지식인하우스**는
살맛 나는 사람들의 이야기를 맛깔스럽게 담아 나가겠습니다.
＊지식인하우스는 독자 여러분의 원고를 기다리고 있습니다.
　망설이지 마시고, 지식인하우스의 문을 두드려 주시기 바랍니다.

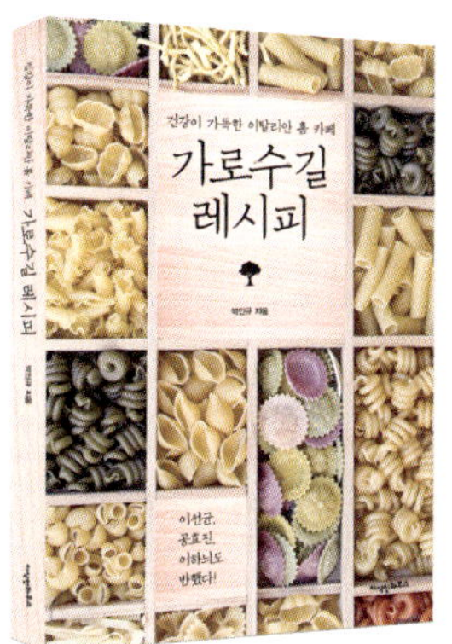

박인규 / 230쪽 / 13,000원

건강이 가득한 이탈리안 홈 카페
가로수길 레시피

이선균, 공효진이 반한 그 레시피!

가로수길 레시피는 건강한 먹을거리로 늘 고민하는 이들을 위한 해결서이다. 이탈리아 속담 중에 '음식은 단순한 먹을거리가 아니라 영혼을 살찌우는 음악과 같은 것이다' 라는 말이 있다. 슬로우 푸드의 출발지, 이탈리아의 맛을 알면 건강은 물론, 영혼까지 든든해지는 요리의 즐거움을 깨닫게 된다.

이현주 / 272쪽 / 15,500원

만들기도 치우기도 쉬운
2인 식탁

소금은 줄이고, 재료 본연의 맛을 고스란히 살린 레시피!

누구나 손쉽게 만들어 건강하게 즐길 수 있는 개념 레시피 『2인 식탁』. 뉴요커들의 단골 브런치 메뉴, 에그 베네딕트부터 우리네 구수한 청국장까지! 더 쉽고, 더 건강한 레시피 122가지를 우리 주방에 제안한다. 레스토랑보다 더 맛있고 더 건강한 특별요리법과 조리 시간을 꼼꼼하게 소개한다.